职业教育行业规划教材

网页动画制作（Flash CS6）

张 侨 高 鑫 肖 卓 主编

U0217715

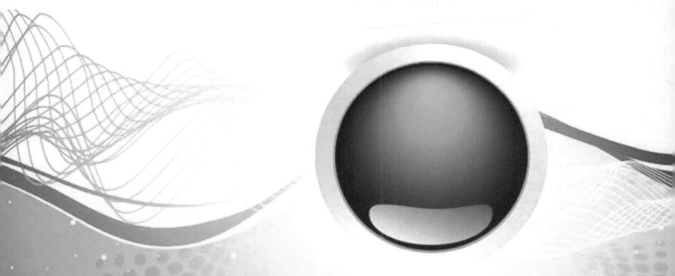

電子工業出版社.

Publishing House of Electronics Industry

北京 · BEIJING

内 容 简 介

本书根据教育部颁发的《中等职业学校专业教学标准（试行）信息技术类（第一辑）》中的相关教学内容和要求编写。本书的编写从满足经济发展对高素质劳动者和技能型人才的需求出发，在课程结构、教学内容、教学方法等方面进行了新的探索与改革创新，以利于学生更好地掌握本课程的内容，利于学生理论知识的掌握和实际操作技能的提高。

本书以岗位工作过程来确定学习任务和目标，综合提升学生的专业能力、过程能力和职位差异能力，以具体的工作任务引领教学内容。本书由 3 个单元、6 个任务构成，系统介绍了矢量图形、逐帧网页动画、补间网页动画、引导层网页动画、遮罩网页动画、交互网页动画等内容。

本书是计算机动漫与游戏制作专业的专业选修课程教材，也可作为平面设计、动漫游戏培训班的教材，还可作为数字媒体技术应用专业人员、计算机平面设计专业人员以及动画爱者的参考用书。本书配有教学指南、电子教案和案例素材，详见前言。

图书在版编目（CIP）数据

网页动画制作：Flash CS6 / 张侨，高鑫，肖卓主编. —北京：电子工业出版社，2016.8

ISBN 978-7-121-24918-1

Ⅰ.①网… Ⅱ.①张… ②高… ③肖… Ⅲ.①网页—动画制作软件—中等专业学校—教材 Ⅳ.① TP391.41

中国版本图书馆 CIP 数据核字（2014）第 274712 号

策划编辑：杨　波
责任编辑：郝黎明
印　　刷：北京虎彩文化传播有限公司
装　　订：北京虎彩文化传播有限公司
出版发行：电子工业出版社
　　　　　北京市海淀区万寿路 173 信箱　邮编　100036
开　　本：787×1 092　1/16　印张：13.25　字数：339.2 千字
版　　次：2016 年 8 月第 1 版
印　　次：2023 年 9 月第 8 次印刷
定　　价：42.00 元

凡所购买电子工业出版社图书有缺损问题，请向购买书店调换。若书店售缺，请与本社发行部联系，联系及邮购电话：（010）88254888，88258888。

质量投诉请发邮件至 zlts@phei.com.cn，盗版侵权举报请发邮件至 dbqq@phei.com.cn。

本书咨询联系方式：（010）88254617，Luomn@phei.com.cn。

PREFACE 前言

为建立健全教育质量保障体系，提高职业教育质量，教育部于 2014 年颁布了中等职业学校专业教学标准（以下简称专业教学标准）。专业教学标准是指导和管理中等职业学校教学工作的主要依据，是保证教育教学质量和人才培养规格的纲领性教学文件。在"教育部办公厅关于公布首批《中等职业学校专业教学标准（试行）》目录的通知"（教职成厅 [2014]11 号文）中，强调"专业教学标准是开展专业教学的基本文件，是明确培养目标和规格、组织实施教学、规范教学管理、加强专业建设、开发教材和学习资源的基本依据，是评估教育教学质量的主要标尺，同时也是社会用人单位选用中等职业学校毕业生的重要参考。"

当你打开这本书，敏锐的你已经发现，你手上正翻阅着的是一本可以带你进入网络动画行业的知识宝典。本书以工作过程为导向，打破了软件工具书的模式，利用多个网络动画项目为载体，如《袋鼠与饲养员》、《文明宣传动画》等。介绍网页动画广告设计制作的相关软件—— Flash，使学生能够了解此软件在网页动画广告设计中的应用，同时拓宽就业面。主要任务是通过学习网页动画制作的基本原理、方法、技巧，使学生在熟悉网页动画广告设计相关软件的功能与应用的同时，学习网页动画广告的概念、网页动画广告的设计风格与创意等内容。在完成课程目标的要求的同时，通过多个案例，使学生亲身经历制作的全过程，并应用信息化手段辅助教学，同时符合行业要求。

本书特色

本书根据教育部颁发的《中等职业学校专业教学标准（试行）信息技术类（第一辑）》中的相关教学内容和要求编写。

课程设计理念如下：

学习单元一：设计矢量图形与逐帧网页动画，通过载体主要学习制作简单的帧动画，理解逐帧动画的原理，了解 Flash 中帧的三种类型，掌握帧的操作，能够应用逐帧动画的方式制作网页动画广告中的一些特殊效果。

学习单元二：设计补间与引导层网页动画，使用形状补间和动作补间两种动画制作技术制作网页动画广告，了解补间动画，在 Flash 实践中使用引导层制作沿路径运动的效果。

学习单元三：设计遮罩与交互网页动画，主要运用遮罩动画、声音、按钮制作的原理和方法，使学生学会使用遮罩动画制作出炫目神奇效果的动画，包括掌握编辑声音、制作按钮的制作方法和使用技巧等，引导学生创作各种效果的网页动画广告。

每个学习单元包括完成工作任务必备的知识、技能、方法等，基于工作过程，形成过程性知识。实现学科知识体系分解转化成工作型知识体系，并在学习单元中进一步细化课程标准的综合要求。单元间课程目标按认识规律递增。3 个学习单元全部涵盖了课程目标和课程内容。各学习单元的内容结构具有一致性，学习单元体现完整的工作过程。

本书是网站建设与管理专业、计算机动漫与游戏制作专业的教材，也可作为平面设计、动漫游戏培训班的教材，还可以供数字媒体技术应用专业人员、计算机平面设计专业人员以及动画爱者的参考用书。

一、学习单元说明

单元序号	单元名称	任　务
一	设计矢量图形与逐帧网页动画（12）	1. 设计矢量图形（4） 2. 设计逐帧网页动画（8）
二	设计补间与引导层网页动画（12）	1. 设计补间网页动画（6） 2. 设计引导层网页动画（6）
三	设计遮罩与交互网页动画（12）	1. 设计遮罩网页动画（8） 2. 设计交互网页动画（4）

二、课时分配建议

课时分配表					
课程	单元	任务	活动	载体	拓展训练
网页动画设计（36）	一、设计矢量图形与逐帧网页动画（12）	1. 设计矢量图形（4）	1. 制作简单矢量图形（2）	《文明宣传画 - 地铁》- 动物人物设计	拟人形象卡通造型
			2. 制作复杂矢量图形（2）	《袋鼠与饲养员》- 人物设计	绘制袋鼠人物设计稿
		2. 设计逐帧网页动画（8）	1. 制作简单逐帧动画（4）	《文明宣传画 - 地铁》- 羊叔走路	促销网页动画
			2. 制作复杂逐帧动画（4）	《袋鼠与饲养员》- 饲养员走路	"上感网"逐帧动画
	二、设计补间与引导层网页动画（12）	1. 设计补间网页动画（6）	1. 制作简单补间动画（2）	《狂吃幻想曲》- 片头	"汽车广告"网页动画
			2. 制作复杂补间动画（4）	《文明宣传画 - 地铁》- 地铁列车开门 -SC-8	"虚拟空间"网页动画
		2. 设计引导层网页动画（6）	1. 制作简单引导层动画（2）	《自然的力量》- 落叶 -SC-02	狮子标志网页动画
			2. 制作复杂引导层动画（4）	《袋鼠与饲养员》-SC-29	"龙"网页动画
	三、设计遮罩与交互网页动画（12）	1. 设计遮罩网页动画（8）	1. 制作简单遮罩动画（4）	《寻找瓢虫》SC-01	欢迎字幕网页动画
			2. 制作复杂遮罩动画（4）	《袋鼠与饲养员》- 饲养员结尾 -SC-41	优衣库网页动画
		2. 设计交互网页动画（4）	1. 制作有声动画（2）	《文明宣传画 - 地铁》SC-05 声音编辑	无
			2. 制作交互动画（2）	按钮控制基本动作	

本书作者

本书由张侨、高鑫、肖卓主编。伍宇花、杨森楠、周亚军等老师参与了编写、试教和修改工作，其中部分案例由杨森楠、张涵、马云桥提供，在此表示衷心的感谢。由于编者水平有限，难免有错误和不妥之处，恳请广大读者批评指正。

教学资源

为了提高学习效率和教学效果，方便教师教学，作者为本书配备包括电子教案、教学指南、素材文件、微课，以及习题参考答案等配套的教学资源。请有此需要的读者登录华信教育资源网免费注册后进行下载，有问题时请在网站留言板留言或与电子工业出版社联系（E-mail:hxedu@phei.com.cn）。

CONTENTS 目录

学习单元一
设计矢量图形与逐帧网页动画

总体概述

本单元主要学习设计矢量图形与逐帧网页动画，主要是让学生通过学习掌握设计矢量图形、设计逐帧网页动画等。

了解设计逻辑，梳理逻辑内容，完善设计功能，进行制作简单矢量图形、制作复杂矢量图形、制作简单逐帧动画、制作复杂逐帧动画等。

工作内容

1. 设计矢量图形。
2. 设计逐帧网页动画。

职业标准

1. 具备分析客户需求、了解客户意图的能力。
2. 具备熟悉岗位职责与企业标准的能力。
3. 具备网页动画的设计方法、技能的能力。
4. 能够利用文本、图片、声音、视频等素材，制作图文并茂的网页动画。
5. 能够通过动画效果，制作具有动态效果的网页动画。
6. 具备将所学知识进行综合应用，制作符合要求的网页动画的能力。
7. 具有高度的责任心和认真细致的工作态度。
8. 具备良好的团队精神和良好的沟通能力。

教学工具

1. 铅笔、橡皮、笔、纸。
2. 多媒体机房，Flash、Photoshop 等。

❖ 任务1　设计矢量图形

一、任务描述

通过《网页动画制作》教材中《文明宣传动画 - 地铁》动物设计、《袋鼠与饲养员》人物设计为载体，进行全方位实践，最终通过设计矢量图形的学习，达到制作矢量图形的能力并在实际工作中熟练应用，并锻炼学生举一反三的能力。

二、任务活动

活动 1 制作简单矢量图形。

活动 2 制作复杂矢量图形。

三、学习建议

1. 需求分析：了解任务目标、需求，基本工作流程。

2. 实训任务：完成制作简单矢量图形的任务。

备注：分组进行分析（4人一组）。

四、评价标准

1. 熟悉 Flash 的绘图环境，熟练使用工具箱的工具进行绘图；能够创建和编辑文本。

2. 能够对 Flash 对象进行基本操作；能够对 Flash 对象进行编辑。

3. 能够进行输出和发布动画。

4. 能够与上下级进行良好的沟通，并协调好工作。

五、任务实施

任务单

学生姓名：　　　　　　**班级：**　　　　　　**学号：**　　　　　　**组号：**

单元任务	活动	活动内容	活动时间	活动成果
任务 1：设计矢量图形	1. 制作简单矢量图形	1. 了解分析客户需求的方法 2. 初步认识网页动画的设计原则和技术 3. 了解利用文本、图片等素材，制作矢量图形草图	2 课时	《文明宣传动画 - 地铁》-动物设计
		设备需求： 1. 设备要求：配备有多媒体设备的专业课教室 2. 工具要求：铅笔、橡皮、笔、纸		
	2. 制作复杂矢量图形	1. 进一步认识网页动画设计师的岗位职责与企业标准 2. 了解网页动画的设计原则和技术 3. 进一步了解利用文本、图片等素材，制作矢量形状	2 课时	《袋鼠与饲养员》-人物设计
		设备需求： 1. 设备要求：配备有多媒体设备的专业课教室 2. 工具要求：铅笔、橡皮、笔、纸、Flash、Photoshop		

活动实施
活动 1　制作简单矢量图形

（一）活动描述

在教师的引领下，通过本教材完成设计矢量图形的内容，并学习制作简单矢量图形的方法。

（二）工作环境

活动环境要求：多媒体投影。

所需工具：铅笔、橡皮、笔、纸等。

（三）相关知识

1．网页动画基本常识

（1）网页动画常用表现形式。简单地说，网页动画就是在网络平台上投放的广告，利用网站上的广告横幅、文本链接、多媒体的方法，在互联网刊登或发布广告，一般有以下几种广告表现形式。

① 横幅式广告（Banner）又称为"旗帜广告"，是网页动画最早采用的形式，也是目前最常见的形式，它是横跨于网页上的矩形公告牌，当用户单击这些横幅的时候，通常可以链接到广告主的网页，以 GIF、JPG 等格式建立的图像文件，可以使用静态图形，也可用 SWF 动画图像定位在网页中，大多用来表现广告内容，同时还可使用 Java 等语言使其产生交互性，用 Shockwave 等插件工具增强表现力。对于广告投放者而言，广告是越小越好，一般不能超过 15KB。横幅式广告可分为静态横幅、互动式横幅、动画横幅三种类型，分别如图 1-1 ～图 1-3 所示。

图 1-1　静态横幅

图 1-2　互动式横幅

图 1-3　动画横幅

② 按钮式广告（Buttons）是一种小面积的广告形式，这种广告形式既能降低购买成本，还能更好地利用网页中比较小面积的零散空白位，按钮式广告一般容量比较小，定位在网页中，由于尺寸偏小，表现手法较简单，常见的有 JPEG、GIF、Flash 三种格式，如图 1-4 所示。

图 1-4　按钮式广告

③ 墙纸式广告（Wallpaper）是把广告主所要表现的广告内容体现在墙纸上，并安排放在具有墙纸内容的网站上，以供感兴趣的人进行下载，如图 1-5 所示。

图 1-5　墙纸式广告

④ 弹出式广告（pop-upad）是指当人们浏览某网页时，网页会自动弹出一个很小的对

话框，随后，该对话框漂浮到屏幕的某一角落或在屏幕上不断盘旋，当你试图关闭时，另一个会马上弹出来，这就是互联网上的"弹出式广告"，如图1-6所示。广告商们之所以对这种新颖的广告方式情有独钟，是因为它可以迫使广大网民不得不浏览其广告内容，从而获得较好的广告效果，但因为强迫网民观看所以效果不会特好，还有损企业形象。

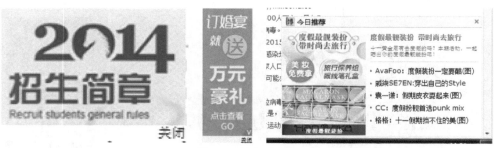

图1-6 弹出式广告

其他网页动画表现形式：随着网络的不断发展，广告表现形式也随之变化，除了以上常规的表现形式外还有很多个性的表现形式，如全屏式、游戏互动式等表现形式孕育而生。

（2）草图画法。草图应该处于一种持续变化的状态，随时可以根据需求进行调整。所以制作网页动画草图也不容忽视，它的绘画的方法如下。

草图是一种可视化的、更加清晰有效的沟通方式。草图是思维的表达方式，用来解决问题。画草图是一种技能，实践的越多，能力越强。

不要太在意草图在"绘画"方面的视觉效果，试着把它当做海报来审视——你第一眼看到的是什么？细节信息在什么地方？记住，人的目光总会被细节与强烈的对比所吸引。

就像语言表达能力可以决定人与人之间互相了解的程度，草图的表现力也会直接影响到产品设计流程中的信息沟通，好在，我们有一些不错的方法可以学习和运用，在实践中逐渐提高自己的草图表达技能。

① 分层作业。从开始初步的框架工作，会让事情变得容易些；在这个阶段，犯些错误也无妨，你可以逐步评估和调整想法。把线画得凌乱些也没太大问题，在接下来的阶段，使用颜色更深的线条逐步完善草图之后，没人会注意到这些早期的浅色轮廓。

随着灵感落实成为确定的想法，并不断地跃然纸上，我们使用的颜色也可以逐步加深了，必要的时候可以使用钢笔来勾勒细节，通过灰度的差异来体现界面的逻辑，整个草图的层次感会非常鲜明。

用不同颜色的笔分层的做法还可以帮助我们在初期将注意力放在内容结构与视图继承等方面，不至于一开始就被各种细节问题和想法纠缠，如果你知道眼下的界面中需要一个列表，但不清楚列表项中的具体内容，那么就使用浅色笔随便画些曲线来代替文案；在之后的细节阶段，再回过头来用深色笔添加一些具体的范例内容。

分层绘制草图如图 1-7 所示。

图 1-7　分层绘制草图

② 放松肢体。

技巧：在画长线条的时候，试着让自己的手与胳膊跟随着肩膀移动，而不是通过腕子或手肘来用力；只有当你需要快速地画短线条，或是处理一些局部细节的时候，手肘的驱动才更加有效。

解释：肩膀的旋转驱动，可以帮助你画出更长更直的线条，如果只借助手腕的力量，你会发现画出的直线通常是弯的，另外，还可以在画长线之前，先在起点和终点的位置各做一个标记，以增强目标感。

③ 绘制多边形。

技巧：对于那些由长线条组成的、用来表示页面或设备轮廓的矩形和其他多边形，可以通过旋转纸面的方法依次画出边框线，而自己的姿势与落笔的角度可以保持不变。

解释：要在每个方向上都画出很漂亮的直线，确实不是容易的事情。只会画横线不会画竖线？把纸面旋转 90 度好了——这样无论什么角度的直线，对我们来说其实都是一个方向的，我们自己最习惯的姿势和落笔的角度就可以保持不变了，简单又实用。

④ 对交互方式的体现。我们可以在一张草图上使用便签贴纸同时定义多个交互元素，然后按照具体的交互规则，取下一些，再对包含剩余交互元素的草图进行扫描和复印，最终就可以得到一套完整的交互示意草图，如图 1-8 所示。

技巧：以普通草图为基础，将便签贴纸附着在图纸的相关位置上，用来表示那些具有交互性质的界面元素，如弹出层、提示气泡、模态窗口（Modal Windows）等。

解释：这种方法可以帮助我们在不修改草图框架的情况下快速地定义页面元素的交互方式，便签贴纸的位置可以很方便地调整，还可以在上面勾画该界面元素中的细节内容。

⑤ 复印与模板化。有时，对于某些元素，你也许要重画并调整很多次，这不能算是坏事，你可以把这样的需求看做重新构思并快速迭代的机会，这种情况下，扫描仪或复印机

可以帮助我们提升一些效率。

图 1-8　表现交互元素

技巧：使用相机、扫描仪或复印机，将稳定版本的草图复制多张作为框架模板。复印一下，形成模板，同时还可以体现广告创意流程，类似于分镜头。

解释：复印机就是传统版的"Ctrl+C"和"Ctrl+V"，它能帮我们快速生成模板，这种方式不仅能提升效率，而且可以减少我们在实验和摸索过程中的顾虑。

复印与模板化示意图如图 1-9 所示。

2．Flash 软件操作技能

操作技能中讲的都是最基本的使用方法，我试着把平时在教学过程中学生最容易碰到的问题都逐一讲解，用最简单的语言和图例，做出最明确的讲解，通过图文结合的方式，用最直观的方法教给大家。书中的每个例子都不需要任何美术功底，只要按照步骤照葫芦画瓢就可以了。操作技能中的每一个案例，都有实际案例。希望大家能够通过这本书学会 Flash 的基本操作方法并对 Flash 产生兴趣。

（1）熟悉 Flash 界面，如图 1-10 所示。

（2）动画的原理。图 1-11（a）中星形位于图片的最左边，图 1-11（b）中星形位于图片的中间，图 1-11（c）中星形位于图片的最右边。当我们按照一定速度将三幅图按序播放时，就可以看到图形由左至右运动，如图 1-11（d）所示。这就是动画，由一张张接近的图片依次播放，造成物体在运动的假象。

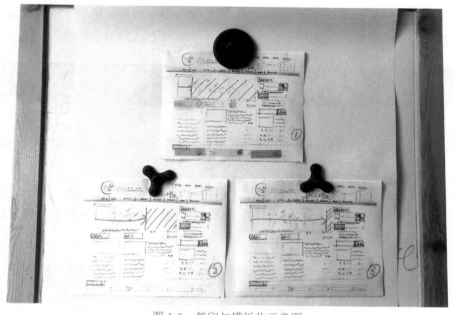

图1-9 复印与模板化示意图

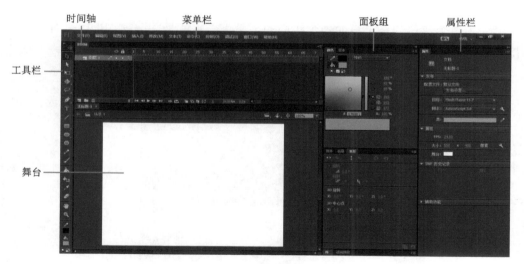

图1-10 Flash 界面

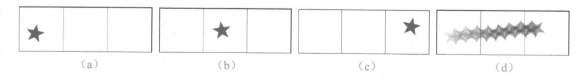

（a）	（b）	（c）	（d）

图1-11 动画的原理

（3）帧/关键帧/空白关键帧。现在大家知道，动画就是连续播放的画面，Flash 默认每秒播放 12 幅画面（可以修改），电影是每秒播放 24 幅画面，而电视则是每秒播放 25 幅画面。每一幅画面我们都称它为一个帧，无论它是不是具体的画面，如图 1-12 所示。

图 1-12　帧

图 1-12 的小方格子就是帧，每个格子都分别代表着一幅画面，播放时按由左向右依次进行播放。帧也分为帧、关键帧、空白关键帧。

空白关键帧：我们先看第一个白色的小格子，它里面有一个小圆圈，它就是空白关键帧，其中没有任何内容。用鼠标单击一下该空白关键帧，我们可以看到下面的区域一片空白，如图 1-13 所示。

图 1-13　空白关键帧

关键帧：第二个灰色的格子里面是个实心的小黑点，它就是关键帧，里面是有内容存在的，用鼠标单击该关键帧（或用鼠标拖动帧上面红色滑块到该帧），我们看到了一个蓝色的椭圆，如图 1-14 所示。

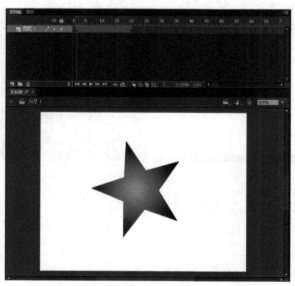

图 1-14　关键帧

关键帧和空白关键帧的区别就在于其中有没有实际内容。空白关键帧加上内容（如画个圆）就是关键帧。反之将关键帧里面所有内容删除则会变为空白关键帧。

　　帧：关键帧后面的灰色部分都是普通帧，普通帧里面没有实际的内容，但是它却能显示左方最近一个关键帧的内容。用鼠标单击第五帧，如图 1-15 所示。

　　看起来它似乎有内容，实际上这一帧前面离它最近的关键帧（第二帧）的内容显示出来了而已，普通帧尽管没有实际内容但它却可以用来将一幅画面的存在时间延长。

　　说明：图 1-15 的■代表普通帧的结束。

　　移除帧与清除帧：用鼠标对着帧，单击鼠标右键，菜单中有"移除帧"和"清除帧"两个选项。移除帧就是删除帧，用来将帧连同帧上的内容一起删除，而清除帧则是只清空帧上的内容，帧仍然存在。

图 1-15　普通帧

（四）活动实施

活动 - 工作单			
动画片名称	《文明宣传动画 - 地铁》	动画制作员姓名	填写姓名
镜头名称	羊叔人设	动画制作员编号	填写学号
镜头属性	720×576 像素　帧频 25/ 秒	动画制作项目小组	填写组号
镜头内容	背景层：地铁乘客羊叔人物设定		
特殊要求	通过草稿绘制羊叔动物上色稿		
完成情况			
组长		导演	

　　详细步骤如下。

　　（1）打开《文明宣传动画 - 地铁》SC- 羊人设.swf 项目文件，首先欣赏最终效果，如图 1-16 所示。

　　（2）打开《袋鼠与饲养员》SC- 羊人设 - 学生用.fla 项目文件，如图 1-17 所示。

　　（3）打开库列表会看到所需要用到的两个素材（线稿、色标），如图 1-18 所示。

　　如果找不到"库"状态栏，可以打开菜单栏的"窗口"菜单找到里面的"库"状态栏打开它，如图 1-19 所示。

　　（4）将"线稿"直接拖曳到舞台窗口，并调整图片与舞台大小适应（选中图片按 Q 键可以调出任意变形操作，用操作点将图片调整大小），如图 1-20 所示。

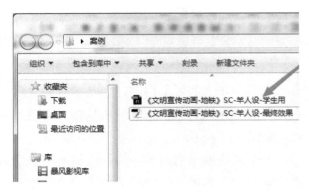

图 1-16　打开 SWF 项目文件　　　　　　　　图 1-17　打开 Flash 项目文件

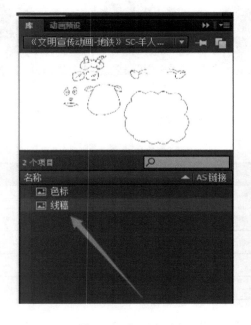

图 1-18　打开库列表　　　　　　　　　　图 1-19　启动"库"状态栏

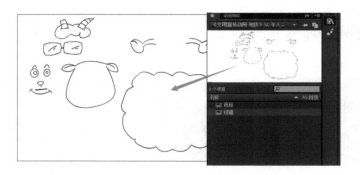

图 1-20　将"线稿"拖曳到舞台窗口

（5）锁定"图层1"，如图1-21所示。

（6）创建一个新的图层，如图1-22所示。

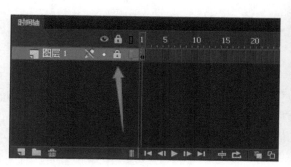

图1-21　锁定"图层1"

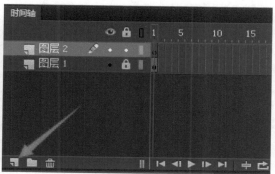

图1-22　创建一个新的图层

（7）现在开始将在图层2上绘制自己的羊叔，选择"线条"工具 ，调整笔触颜色为红色（主要为了区别与所给素材线稿的颜色，也可以选择其他颜色，能自己区别开来就行），如图1-23所示。

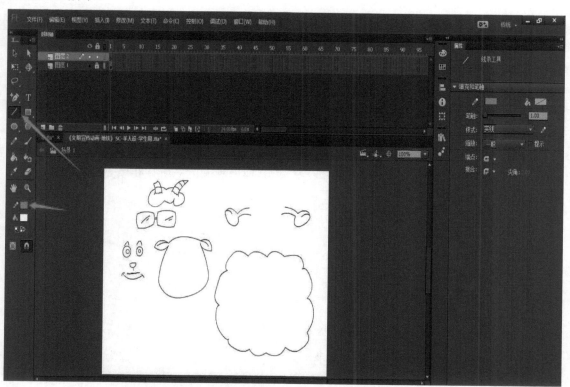

图1-23　调整笔触颜色

（8）开始绘制羊叔的角，如图1-24所示。

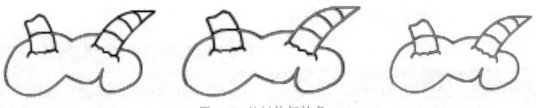

图 1-24　绘制羊叔的角

（9）以此类推将线稿全部描一遍！注意尽量控制笔触来达到与线稿近似，然后就达到如图 1-25 所示的效果。

图 1-25　绘制的效果

（10）下面为人物上色做准备，因为现在人物一小部分是没有封口的状态这样会导致无法上色，所以要为线稿做下处理，用"线段"工具换一种颜色把所有要填充颜色的地方圈起来，如图 1-26 所示。

图 1-26　为人物上色做准备

（11）下面为人物开始上色，把库里的"饲养员人设色标 .jpg"图片拖到舞台，调整好大小，如图 1-27 所示。

（12）单击"填充颜色"工具，如图 1-28 所示。

（13）这时的鼠标变成了"吸取"工具吸取一下要填充区域的颜色，如图 1-29 所示。

图 1-27　拖动素材图片到舞台

图 1-28　"填充颜色"工具

图 1-29　"吸取"工具

（14）单击"颜料桶"工具  为人物上色，如图 1-30 所示。

（15）将所有红线一一选中把颜色修改为黑色，并将绿色的线段删除，如图 1-31 所示。

（16）将每一个图形转换为元件（选中图形按 F8 键，将所有部位分开一一转换为元件），如图 1-32 所示。

（17）开始拼合人物，注意人物的遮挡关系（比如左胳膊与右胳膊分别在身体两侧，就会产生遮挡关系，这时就要选中元件，然后用 Ctrl+ ↑ 与 Ctrl+ ↓ 组合键来调整元件的遮挡关系），如图 1-33 所示。

图 1-30　为人物上色

图 1-31　修改颜色并删除绿色线段

图 1-32　将图形转换成元件

图 1-33　拼合人物

（18）完成后选择"文件"→"保存"命令（制作过程中也要注意保存，防止软件崩溃）。

（19）按 Ctrl+Enter 组合键发布 SWF 文件。

最终效果如图 1-34 所示。

（五）拓展训练

尝试完成制作简单绘制矢量形状的拓展训练。

项目名称：拟人形象卡通造型。

项目要求：用多变性、钢笔工具、直线工具绘制卡通形象。

项目尺寸：500×500 像素。

最终制作效果如图 1-35 所示。

图 1-34　最终效果

图 1-35　拟人形象卡通造型效果

回答问题：

1．网页动画的形式有哪些？

答：

2．简述制作网页动画草图的方法。

答：

参考答案：

1．网页动画的形式有哪些？

答：横幅式广告（Banner）、按钮式广告（Buttons）、邮件列表广告（Direct Marketing）、

墙纸式广告（Wallpaper）、赞助式广告（Sponsorships）、竞赛和推广式广告（Contests Promotions）、插页式广告（Interstitial Ads）、互动游戏式广告（Interactive Games）等。

2．简述制作网页动画草图的方法。

答：分层作业、放松肢体、绘制多边形、对交互方式的体现、复印与模板化、勾画细节。

活动 2　制作复杂矢量图形

（一）活动描述

在教师的引领下，通过本教材完成设计矢量图形的内容，并学习制作复杂矢量图形的方法。

（二）工作环境

活动环境要求：多媒体投影。

所需工具：铅笔、橡皮、笔、纸、Flash、Photoshop 等。

（三）相关知识

1．网页动画基本常识

（1）网页动画常用知识。

① 网页动画常用尺寸：468×60 全尺寸 Banner、392×72 全尺寸带导航条 Banner、234×60 半尺寸 Banner、120×240 垂直 Banner、125×125 方形按钮、120×90 按钮 -1、120×60 按钮 -2、88×31 小按钮、其他特殊尺寸，如图 1-36 所示。

② 网页动画其他规格尺寸。下面是广告形式、像素大小、最大尺寸等。

按　　钮　　120×60（必须用 GIF）7KB

　　　　　　215×50（必须用 GIF）7KB

通　　栏　　760×100 25KB 静态图片或减少运动效果

　　　　　　30×50 15KB

超级通栏　　760×100 ～ 760×200 共 40KB 静态图片或减少运动效果

巨幅广告　　336×280 35KB

　　　　　　585×120

竖边广告　　130×300 25KB

全屏广告　　800×600 40KB 必须为静态图片，Flash 格式

图文混排　　各频道不同 15KB

弹出窗口　　400×300（尽量用 GIF）40KB

Banner　　468×60（尽量用 GIF）18KB

悬停按钮　　80×80（必须用 GIF）7KB

流 媒 体　　300×200（可做不规则形状但尺寸不能超过 300×200）30KB

播放时间　　　小于 5 秒 60 帧（1 秒 /12 帧）

网页动画格式　　720×576 帧频 25/ 秒

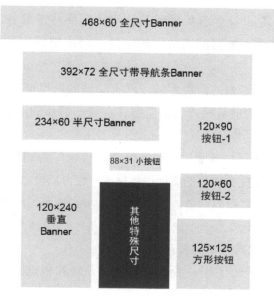

图 1-36　网页动画广告常用规格尺寸

（2）网页动画特点。

① 受众范围广：网页动画传播范围极其广泛，不受时空限制。

② 针对性明确：网页动画目标群确定，所以可以直接命中目标受众，并可以为不同的受众推出不同的广告内容，通过提供众多的免费服务，建立完整的用户数据库，这些资料可帮助广告主分析市场与受众，根据广告目标受众的特点，有针对性地投放广告，并根据用户特点作定点投放和跟踪分析，对广告效果做出客观准确的评价。

③ 交互性强：交互性是互联网络媒体的最大优势，它不同于其他媒体的信息单向传播，而是信息互动传播，在网络上，当受众获取他们认为有用的信息时，而厂商也可以随时得到宝贵的受众信息的反馈。

④ 受众数量统计精确：在 Internet 上可通过权威、公正的访客流量统计系统，精确统计出每个广告的受众数，以及这些受众查阅的时间和地域分布，而传统的媒体投放广告，很难精确地知道有多少人接受到广告信息。

⑤ 实时、灵活、成本低：作为新兴的媒体，网络媒体的收费也远低于传统媒体，若能直接利用网页动画进行产品销售，则可节省更多销售成本，而在传统媒体上投放广告，发布后很难更改，即使可改动也往往付出很大的经济代价。

⑥ 感官性强：网页动画的载体基本上是多媒体、超文本格式文件，可以使消费者能亲身体验产品、服务与品牌，这种以图、文、声、像的形式，传送多感官的信息，让顾客如

学习单元一　设计矢量图形与逐帧网页动画

身临其境般感受商品或服务。

（3）网页动画优势。

① 网页动画是多维广告。网页动画是多维的，它能将文字、图像和声音有机的组合在一起，传递多感官的信息，让顾客如身临其境般感受商品或服务，这种图、文、声、像相结合的广告形式，将大大增强网页动画的实效，而传统媒体是二维的，所以也是无法比较的。

② 网页动画拥有最有活力的消费群体。网页动画的目标群体是目前社会上层次最高、收入最高、消费能力最高的最具活力的消费群体，这一群体的消费总额往往大于其他消费层次之和。

③ 网页动画制作成本低，速度快，更改灵活。传统广告制作成本高，投放周期固定，而网页动画制作周期短，即使在较短的周期进行投放，也可以根据客户的需求很快完成制作。

④ 网页动画具有交互性和纵深性。互联网络媒体的最大优势是交互性强，信息互动传播，通过链接，用户只需简单地单击鼠标，就可以从厂商的相关站点中得到更多、更详尽的信息，而传统媒体的信息却是单向传播。

⑤ 网页动画能进行完善的统计。网页动画通过及时和精确的统计机制，使广告主能够直接对广告的发布进行在线监控。

⑥ 网页动画可以跟踪和衡量广告的效果。广告主能通过互联网即时衡量广告的效果，并且能够更好地跟踪广告受众。

⑦ 网页动画的受众关注度高。

⑧ 网页动画缩短了媒体投放的进程。广告主在传统媒体上进行市场推广一般要经过三个阶段：市场开发期、市场巩固期和市场维持期。

⑨ 网页动画传播范围广、不受时空限制。通过国际互联网络，网页动画可以将广告信息 24 小时不间断地传播到世界的每一个角落，这是传统媒体无法达到的。

⑩ 网页动画具有可重复性和可检索性。网页动画可以将文字、声音、画面完美地结合之后供用户主动检索，重复观看，而与之相比电视广告却是让广告受众被动地接受广告内容。

2．Flash 软件操作技能

工具简介，如图 1-37 所示。

（1）箭头工具。箭头工具主要用来选取对象，以便对该对象进行操作，如删除、移动等，如图 1-38 所示，鼠标单击选择该对象后，可用 Delete 键删除，图 1-39 用鼠标按住不松开，然后拖动到所需要的位置。

另外它还具有切割和变形的功能，当用工具箱中的工具绘制出圆、多边形、线条等形状时，用鼠标可以将它们切割，按住鼠标拖动，将不需要的部分选中，如图 1-40 所示。

当鼠标接近绘制的图形时，会出现如图 1-41（a）所示的形状，这时可按住鼠标拖动来改变它的外形，如图 1-41（b）所示。

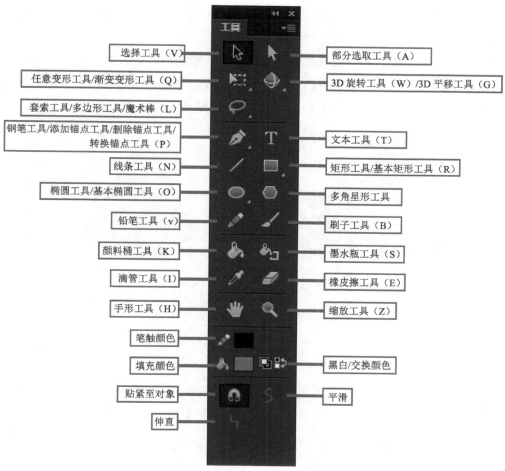

选择工具（V）——部分选取工具（A）

任意变形工具/渐变变形工具（Q）——3D 旋转工具（W）/3D 平移工具（G）

套索工具/多边形工具/魔术棒（L）

钢笔工具/添加锚点工具/删除锚点工具/转换锚点工具（P）——文本工具（T）

线条工具（N）——矩形工具/基本矩形工具（R）

椭圆工具/基本椭圆工具（O）——多角星形工具

铅笔工具（v）——刷子工具（B）

颜料桶工具（K）——墨水瓶工具（S）

滴管工具（I）——橡皮擦工具（E）

手形工具（H）——缩放工具（Z）

笔触颜色

填充颜色——黑白/交换颜色

贴紧至对象——平滑

伸直

图 1-37　工具简介

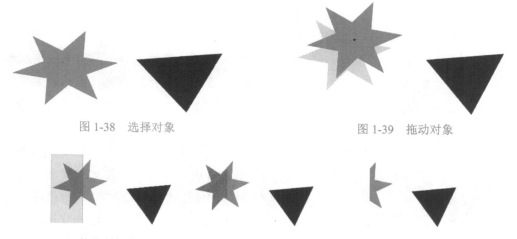

图 1-38　选择对象　　　　　　　　　　　　图 1-39　拖动对象

（a）按住鼠标拖动　　　　（b）松开鼠标　　　　（c）按 Delete 键后

图 1-40　具有切割和变形的功能

　　绘制一个矩形，拖动时看看有什么变化，撤销（Ctrl+Z）后再次按住 Ctrl 键拖动时看看又有什么不同，大家可以试一试。

　　（2）部分选取工具。它用来修改由铅笔或钢笔所绘制的线条，当用此工具选取所绘曲线时上面会出现一些节点，如图 1-42（a）所示，当用鼠标单击节点时，节点上会有控制柄出现，如图 1-42（b）所示，拖动控制柄上的点便可修改线条的形状。

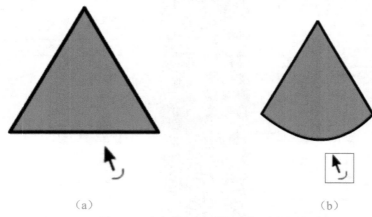

（a）　　　　　　　　　　　　　　　　（b）

图 1-41　鼠标接近绘制图形时鼠标的形状

（a）　　　　　　　　　　　　　　　　（b）

图 1-42　部分选取工具的应用

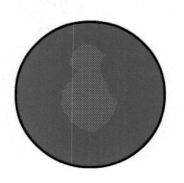

图 1-43　套索工具的应用

　　（3）线条工具。使用线条工具用来绘制从起点到终点的直线，在按下鼠标左键进行拖动时如果按住了 Shift 键，则可绘制水平、垂直或以 45º 角度增加的直线。

　　（4）套索工具。套索工具用来选取不规则的区域以便对所选部分进行操作，如图 1-43 所示。

　　（5）钢笔工具。选取钢笔工具，用鼠标左键单击起点，然后移动到下一个位置，按住鼠标左键不放拖出所需的线条，然后再用同样的办法绘出到下一点的线条，双击鼠标代表绘制结束，如果绘制不满意，可

用其他工具进行调整，如图 1-44 所示。

（6）文本工具。文本工具是用来输入文字信息，选择文本工具，再工作区按住鼠标拖出文本框，输入文字，如图 1-45 所示。

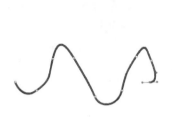

图 1-44　钢笔工具的应用　　　　　　　　　　图 1-45　文本工具的应用

（7）矩形工具。用来绘制矩形，同椭圆工具一样在绘制过程中按住 Shift 键可绘制正方形。

（8）铅笔工具。它可以绘制任何形状的曲线，单击铅笔工具后，在工具箱下面有个图标，单击后可选择"平滑"，绘出的线条比较平滑，按住 Shift 键可绘制水平方向或垂直方向的直线。

（9）刷子工具。刷子工具也称为画笔工具，由此可见它用来"画"一些具有刷子效果的曲线，工具箱下面可以调整刷子的大小和形状。

（10）任意变形工具。顾名思义，任意变形工具用来改变对象的大小情况，包括长、宽、旋转、倾斜等，图 1-46 中的小白点代表旋转的中心点，用鼠标可以改变其位置。

（11）颜料桶工具。颜料桶工具也称为油漆桶工具，用来对封闭图形的内部进行填充或修改。

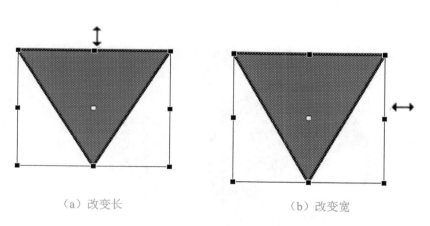

（a）改变长　　　　　　　　　　　　（b）改变宽

图 1-46　任意变形工具的应用

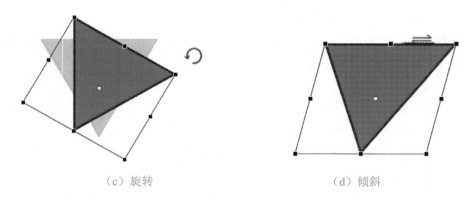

（c）旋转 （d）倾斜

图 1-46 任意变形工具的应用（续）

（12）滴管工具。用滴管工具可以从场景中选择线条、文本和填充的样式，然后创建或修改相应的对象。从场景中导入一张图片，执行"修改"→"分解组件（分离 Cytrl+B）"命令将图片打散。此时用滴管工具单击一下该照片，然后用椭圆工具去画椭圆，再将导入的图片作为椭圆的填充，如图 1-47 所示。

图 1-47 滴管工具的应用

用填充变形工具进行修改，如图 1-48 所示。

图 1-48 用填充变形工具进行修改

导入的图片只有打散才可以使用滴管工具。

（13）橡皮擦工具。用橡皮擦工具可以擦除当前场景中的对象，当选择橡皮擦工具后，工具箱下面还有擦除模式，各擦除模式效果如图 1-49 所示。

（a）标准擦除　　　　（b）擦除填色　　　　（c）擦除线条　　　　（d）擦除所选填充　　　（e）内部擦除

图 1-49　橡皮擦工具的应用

（14）手形工具。手形工具可以将文档窗口中的场景连同对象一起移动，选择手形工具，在场景中按住鼠标左键拖动看看有什么变化？

（15）缩放工具。选择"放大镜"工具，用鼠标在场景中单击，发现场景以及里面的对象放大了，如果想缩小，按住 Alt 键的同时单击，按住鼠标左键拖动将需要放大的部分框住，然后松开鼠标即可。

（16）笔触颜色按钮。笔触颜色按钮用来改变线条或所绘几何图形边框的颜色。

（17）填充颜色按钮。用来改变填充的颜色。

（18）填充变形工具。用来对填充的方式进行调整，如图 1-50（a）所示。对该图中的改变填充的控制点进行调整，分别得到了图 1-50（b）～图 1-50（d）所示的效果。

（19）3D 旋转工具。使用该工具选择影片剪辑后，影片剪辑的 x、y 和 z 三个轴将显示在舞台上对象的顶部。x 轴为红色、y 轴为绿色，而 z 轴为蓝色。

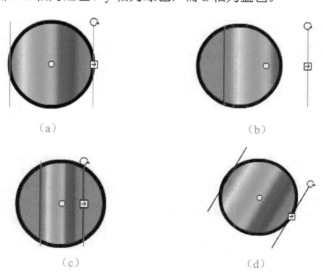

（a）　　　　　　　　　　　　　　　　　　　　（b）

（c）　　　　　　　　　　　　　　　　　　　　（d）

图 1-50　填充变形工具的应用

（20）骨骼工具。提供了对骨骼动力学的有力支持，采用反动力学原理，利用骨骼工具可实现多个符号或物体的动力学联动状态。

（21）Deco 工具。Deco 工具是被很多人忽略的一个工具，使用这个工具可以做出很多意想不到的效果，图 1-51 所示是一种使用 Deco 工具制作的花瓣散落效果，适合新手学习。

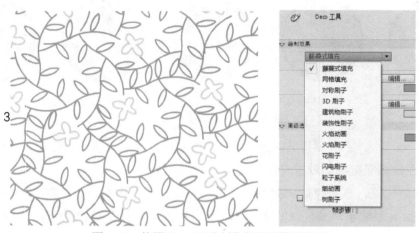

图 1-51　使用 Deco 工具制作的花瓣散落效果

（四）活动实施

活动 - 工作单			
动画片名称	《袋鼠与饲养员》	动画制作员姓名	填写姓名
镜头名称	饲养员人设	动画制作员编号	填写学号
镜头属性	720×576 像素　帧频 25/ 秒	动画制作项目小组	填写组号
镜头内容	背景层：饲养员人物设定		
特殊要求	通过草稿绘制饲养员人物上色稿		
镜头素材	饲养员人设线稿 饲养员人设色标		
完成情况			
组长		导演	

详细步骤如下。

（1）打开《袋鼠与饲养员》饲养员人设.swf 项目文件，首先欣赏最终效果，如图 1-52 所示。

（2）打开《袋鼠与饲养员》饲养员人设 - 学生用.fla 项目文件，如图 1-53 所示。

（3）打开库列表会看到所需要用到的两个素材（饲养员人设线稿、饲养员人设色标），如图 1-54 所示。

如果找不到"库"状态栏，可以打开菜单栏的"窗口"菜单找到里面的"库"状态栏打开它，如图 1-55 所示。

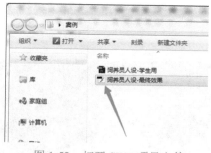

图 1-52 打开 SWF 项目文件

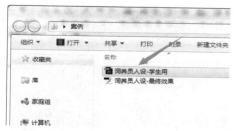

图 1-53 打开 Flash 项目方件

图 1-54 打开库列表

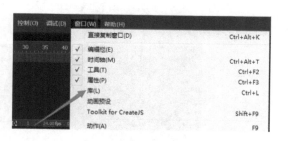

图 1-55 启动"库"状态栏

（4）将"饲养员人设线稿"直接拖曳到舞台窗口，并调整图片与舞台大小适应（选中图片按 Q 键可以调出任意变形操作，用操作点将图片调整大小），如图 1-56 所示。

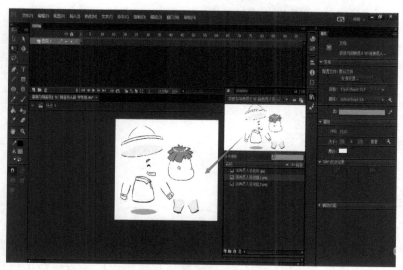

图 1-56 将"饲养员人设线稿"拖曳到舞台窗口

学习单元一 设计矢量图形与逐帧网页动画

·27·

（5）锁定"图层 1"，如图 1-57 所示。

（6）创建一个新的图层，如图 1-58 所示。

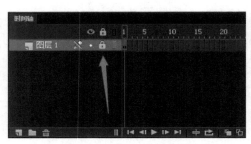

图 1-57　锁定"图层 1"

图 1-58　创建一个新的图层

（7）现在开始将在图层 2 上绘制自己的饲养员，选择"画笔"工具　，调整笔触颜色为红色（主要为了区别与所给素材线稿的颜色，也可以选择其他颜色，能自己区别开来就行），如图 1-59 所示。

图 1-59　调整笔触颜色

（8）开始绘制饲养员的帽子，如图 1-60 所示。

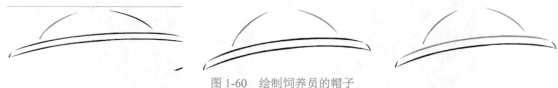

图 1-60　绘制饲养员的帽子

（9）以此类推将线稿全部描一遍！注意尽量控制笔触来达到与线稿近似，之后就达到如图 1-61 所示的效果。

（10）下面为人物上色做准备，因为现在人物大部分都是没有封口的状态这样会导致无法上色，所示要为线稿做下处理，用"线段"工具换一种颜色把所有要填充颜色的地方圈起来，如图 1-62 所示。

图 1-61　绘制的效果　　　　　　　　　　　　　　图 1-62　为人物上色做准备

（11）下面为人物开始上色，把库里的"饲养员人设色标.jpg"图片拖到舞台，调整好大小，如图 1-63 所示。

图 1-63　拖动素材图片到舞台

（12）单击"填充颜色"工具，如图 1-64 所示。

（13）这时鼠标变成了"吸取"工具吸取一下帽子的颜色，如图 1-65 所示。

（14）单击"颜料桶"工具  为人物上色，如图 1-66 所示。

（15）将所有红线一一选中把颜色修改为黑色，并将绿色的线段删除，如图 1-67 所示。

图 1-64 "填充颜色"工具　　　　图 1-65 "吸取"工具

图 1-66 为人物上色　　　　图 1-67 修改颜色并删除绿色线段

（16）将每一个图形转换为元件（选中图形按 F8 键，将所有部位分开一一转换为元件），如图 1-68 所示。

（17）开始拼合人物，注意人物的遮挡关系（比如左胳膊与右胳膊分别在身体两侧，就会产生遮挡关系，这时就要选中元件，用 Ctrl+↑与 Ctrl+↓组合键来调整元件的遮挡关系），如图 1-69 所示。

图 1-68 将各图形转换为元件　　　　图 1-69 拼合人物

（18）这时的人物就做好了一个，剩下的用上面同样的方法就可以完成，其他人物拼合后的效果，如图 1-70 所示。

图 1-70　其他人物拼合后的效果

（19）完成后选择"文件"→"保存"命令（制作过程中也要注意保存，防止软件崩溃）。

（20）按 Ctrl+Enter 组合键发布 SWF 文件。

最终效果如图 1-71 所示。

图 1-71　最终效果

（五）拓展训练

尝试完成制作复杂绘制矢量形状的拓展训练。

项目名称：绘制袋鼠人物设计稿。

项目要求：用多边形工具、钢笔工具、直线工具绘制矢量形状，并用油漆桶工具上色。

项目尺寸：500×500 像素。

最终制作效果如图 1-72 所示。

图 1-72　绘制袋鼠人物设计稿效果

回答问题：

简述网页动画形式、像素大小、最大尺寸等。（三种）

答：

参考答案：

简述网页动画形式、像素大小、最大尺寸等。（三种）

答：　按　　　钮　　120×60（必须用 GIF）7KB

　　　　　　　　　　215×50（必须用 GIF）7KB

　　　通　　　栏　　760×100 25KB 静态图片或减少运动效果

　　　　　　　　　　 30×50 15KB

　　　超级通栏　　760×100 ～ 760×200 共 40KB 静态图片或减少运动效果

　　　巨幅广告　　336×280 35KB

　　　　　　　　　　585×120

　　　竖边广告　　130×300 25KB

　　　全屏广告　　800×600 40KB 必须为静态图片，Flash 格式

　　　图文混排　　各频道不同 15KB

　　　弹出窗口　　400×300（尽量用 GIF）40KB

　　　Banner　　　468×60（尽量用 GIF）18KB

悬停按钮　　80×80（必须用 GIF）7KB
流 媒 体　　300×200（可做不规则形状但尺寸不能超过 300×200）30KB
播放时间　　小于 5 秒 60 帧（1 秒 /12 帧）

任务验收

学生姓名：　　　　　班级：　　　　　学号：　　　　　组号：

	人员	评价标准	所占分数比例	各项分数	总分
任务 1	小组互评（组长填写）	1. 逻辑思维清晰（2） 2. 做事认真、细致（3） 3. 表达能力强（2） 4. 具备良好的工作习惯（3）	10%		
	自我评价（学生填写）	1. 任务目标及需求（2） 2. 制作简单矢量图形（4） 3. 制作复杂矢量图形（4）	10%		
	专家评价（专家填写）	完成任务并符合评价标准（60） 1. 了解任务目标及需求 2. 了解分析客户需求的方法 3. 初步认识网页动画的设计原则和技术 4. 了解利用文本、图片等素材，制作矢量图形草图 5. 逻辑思维清晰，做事认真、细致，表达能力强，具备良好的工作习惯，具备团队合作能力	60%		
	进退步评价（教师填写）	1. 完成任务有明显进步（15~20） 2. 完成任务有进步（10~15） 3. 完成任务一般（5~10） 4. 完成任务有退步（0~5）	20%		
	任务收获（学生填写）				

任务2　设计逐帧网页动画

一、任务描述

通过《网页动画制作》教材中《文明宣传动画 - 地铁》羊叔走路、《袋鼠与饲养员》饲养员走路为载体，进行全方位实践，最终通过设计逐帧网页动画的学习，达到制作逐帧动画的能力并在实际工作中熟练应用，并锻炼学生举一反三的能力。

二、任务活动

活动 1 制作简单逐帧动画。

活动 2 制作复杂逐帧动画。

三、学习建议

1. 需求分析：了解任务目标、需求，基本工作流程。

2. 实训任务：完成制作简单逐帧动画的任务。

备注：分组进行分析（4 人一组）。

四、评价标准

1. 熟悉 Flash 的绘图环境，熟练使用工具箱的工具进行绘图；能够创建和编辑文本。

2. 能够对 Flash 对象进行基本操作；能够对 Flash 对象进行编辑。

3. 能够运用逐帧动画等表现手法进行制作。

4. 能够进行输出和发布动画。

5. 能够与上下级进行良好的沟通，并协调好工作。

五、任务实施

任务单

学生姓名：　　　　　班级：　　　　　学号：　　　　　组号：

单元任务	活动	活动内容	活动时间	活动成果
任务 2：设计逐帧网页动画	1. 制作简单逐帧动画	1. 了解网页动画设计师的岗位职责与企业标准 2. 掌握利用文本、图片等素材，制作动画素材 3. 掌握制作简单逐帧动画的方法	4 课时	《文明宣传动画 - 地铁》- 羊叔走路
		设备需求： 1. 设备要求：配备有多媒体设备的专业课教室 2. 工具要求：铅笔、橡皮、笔、纸、Flash、Photoshop		
	2. 制作复杂逐帧动画	1. 进一步了解网页动画设计师的岗位职责与企业标准 2. 掌握制作复杂逐帧动画的方法	4 课时	《袋鼠与饲养员》- 饲养员走路
		设备需求： 1. 设备要求：配备有多媒体设备的专业课教室 2. 工具要求：铅笔、橡皮、笔、纸、Flash、Photoshop		

活动实施

活动 1　制作简单逐帧动画

（一）活动描述

在教师的引领下，通过本教材完成制作简单逐帧动画的内容，并学习制作简单逐帧动画的方法。

（二）工作环境

活动环境要求：多媒体投影。

所需工具：铅笔、橡皮、笔、纸、Flash、Photoshop 等。

（三）相关知识

1．网页动画基本常识

（1）网页动画特征介绍：

① 广泛和开放性；

② 实时和可控性；

③ 直接和针对性；

④ 双向和互导性；

⑤ 易统计和可评估性；

⑥ 传播信息的非强迫性。

（2）网页动画效果的影响因素及存在的问题。

① 用户行为因素的影响。

② 网页动画规格形式对效果的影响。

③ 网页动画设计与投放对效果的影响。

网页动画设计中存在的问题有：首先网页动画设计主题不明确，其次是设计缺乏吸引力，信息内容过于直白，再次是没有创意的网页动画大多相似，如颜色和图案没有视觉上的冲击力、广告文案过于平淡等，使用户没兴趣单击；

字节数过大：有些专业服务商对网页动画的字节数有一定限制，字节数过大的广告下载速度慢，往往没下载完毕用户就关闭了网页。

④ 网页动画投放对效果的影响。

生命周期：有些广告过了促销期，甚至浏览者多为重复用户，调查表明，半数以上的网页动画的生命周期在三周以内，过时的网页动画会降低效果甚至无谓地浪费广告空间。

资源相关性：利用内容相关的网络资源进行广告投放才能实现目标定位，但在实际操作中并不容易，一是对网页动画资源缺乏全面的了解，二是限于预算或广告空间，难以获得期望的网页动画资源。

片面追求点击率：有些网页动画为了追求点击率，往往采用猎奇甚至欺骗的信息吸引用户点击，这样做虽然提高了点击率，却不一定形成转化率，降低了总体投资收益。

服务商专业水平：服务商的水平体现在网页动画资源的价值以及网页动画的管理水平两个方面，有些网页动画服务提供商甚至采用不正当点击等欺诈手段。

> **提示**
>
> 虽然咱们是设计制作网页动画的设计师，但是也同样需要了解网页动画投放对效果的影响，只要知道他怎么用、用在哪、需求什么，设计师才能因地制宜地设计好网页动画，发挥尽可能大的作用。

2．Flash 软件操作技能

（1）逐帧动画。逐帧动画实际上就是采用手工绘制的传统动画。对于较为复杂的动画如人物的行走、表情等，由计算机生成比较困难，但在 Flash 中肯定是不能自动形成的。倘若一定要达到这种目的，就只有逐帧动画实现。逐帧动画由关键帧组成，改变连续帧的内容给人以动态的效果。

（2）逐帧动画效果。要创建逐帧动画，需要将每个帧都定义为关键帧，然后给每个帧创建不同的内容。

我们先来做一个人跑步动作，如图 1-73 所示，分别用三种绘制形式表现。

第一种，绘图纸外观。

第二种，绘图纸外观轮廓。

第三种，编辑多个帧。

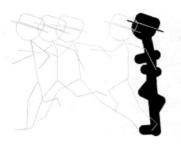

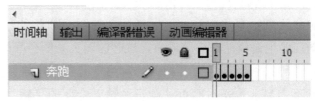

图 1-73　三种绘制形式

其实逐帧动画非常简单，但是要有很强的手绘能力和运动规律的基本常识。下面就通过羊叔和饲养员走路的例子学习一下逐帧动画。

（四）活动实施

<table>
<tr><td colspan="4" align="center">活动 - 工作单</td></tr>
<tr><td align="center">动画片名称</td><td>文明宣传动画 - 地铁</td><td align="center">动画制作员姓名</td><td>填写姓名</td></tr>
<tr><td align="center">镜头名称</td><td>羊叔正走</td><td align="center">动画制作员编号</td><td>填写学号</td></tr>
<tr><td align="center">镜头属性</td><td>720×576 像素　帧频 25/ 秒</td><td align="center">动画制作项目小组</td><td>填写组号</td></tr>
<tr><td align="center">镜头内容</td><td colspan="3">情　节：羊叔正面跳动走路。
前景层：头部逐帧动画。
背景层：身体与手逐帧动画。</td></tr>
<tr><td align="center">特殊要求</td><td colspan="3">跳动前行</td></tr>
<tr><td align="center">镜头素材</td><td colspan="3">1. 前景 - 羊叔正走 - 羊叔头部 - 图形元件

2. 背景 - 羊叔正走 - 羊叔身子 - 图形元件

3. 背景 - 羊叔正走 - 羊叔左手 - 图形元件

背景 - 羊叔正走 - 羊叔右手 - 图形元件</td></tr>
<tr><td align="center">镜头要点</td><td colspan="3" align="center">上下层之间的排列关系</td></tr>
<tr><td align="center">完成情况</td><td colspan="3"></td></tr>
<tr><td align="center">组长</td><td></td><td align="center">导演</td><td></td></tr>
</table>

详细步骤如下。

（1）打开《文明宣传动画 - 地铁》SC- 羊叔设 .swf 项目文件，首先欣赏最终效果，如图 1-74 所示。

（2）打开《文明宣传动画 - 地铁》SC- 羊人设 - 学生用**.fla** 项目文件，如图 1-75 所示。

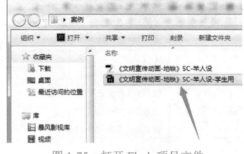

图 1-74　打开 SWF 项目文件　　　　　　　　图 1-75　打开 Flash 项目文件

（3）首先创建两个图层，分别命名为"头部"、"身体"，如图 1-76 所示。

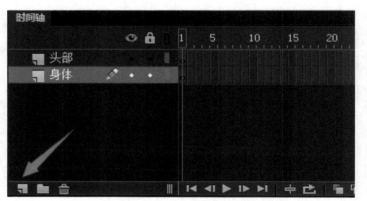

图 1-76　创建两个图层

（4）在"头部"图层第一帧放入羊叔头部的元件，如图 1-77 所示。

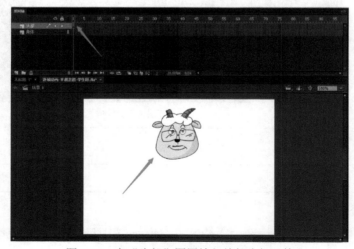

图 1-77　在"头部"图层放入羊叔头部元件

（5）在"身体"层放入身体与手，如图 1-78 所示。

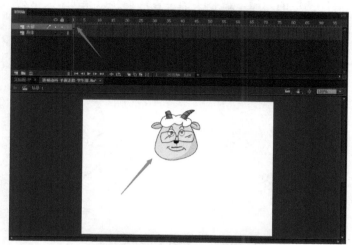

图 1-77 在"头部"图层放入羊叔头部元件

（6）现在开始做动画，在第 4 帧为两个层插入关键帧，如图 1-79 所示。

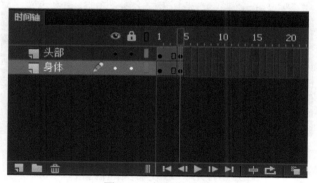

图 1-79 插入关键帧

（7）将"头部"图层隐藏，全选"身体"图层的元件，用任意变形工具按着 Alt 键将它压扁，如图 1-80 所示。

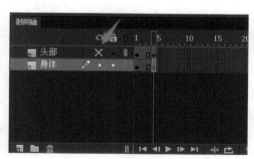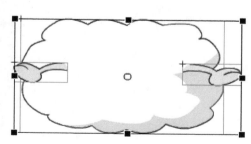

图 1-80 隐藏"头部"图层和改变"身体"图层元件形状

（8）将手元件旋转到手向下的样子，如图 1-81 所示。

（9）取消"头部"图层的隐藏，调整头部位置，调整效果如图 1-82 所示。

图 1-81　旋转手元件　　　　　　　　　图 1-82　调整头部位置的效果

（10）再次在向后 3 帧处插入关键帧，如图 1-83 所示。

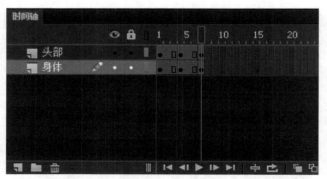

图 1-83　插入关键帧

（11）同样改变"身体"图层元件形状与改动头部位置。

（12）以此类推，每隔 3 帧做一个动作，如图 1-84 所示。

第 1 帧　　　　　　　　　　第 4 帧　　　　　　　　　　第 7 帧

图 1-84　每隔 3 帧做一个动作效果

| 第 10 帧 | 第 13 帧 | 第 16 帧 |

| 第 19 帧 | 第 22 帧 | 第 25 帧 |

图 1-84　每隔 3 帧做一个动作效果

（13）将所有帧做一个高度对比，如图 1-85 所示。

图 1-85　将所有帧做高度对比效果

（14）完成后选择"文件"→"保存"命令（制作过程中也要注意保存，防止软件崩溃）。

（15）按 Ctrl+Enter 组合键发布 SWF 文件。

最终效果如图 1-86 所示。

（五）拓展训练

尝试完成制作简单逐帧动画的拓展训练。

项目名称：促销网页动画。

项目要求：利用画笔工具做出逐帧动画效果。

图 1-86　最终效果

项目尺寸：宽为 587px，高为 360px，帧频为 24 fps。

制作效果如图 1-87 所示。

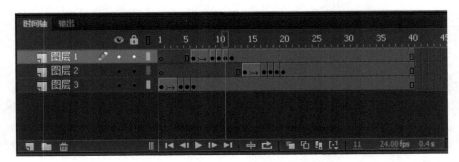

图 1-87　促销网页动画效果

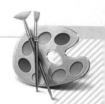

回答问题：

网页动画设计对效果的影响有哪些？

答：

参考答案：

网页动画设计对效果的影响有哪些？

答：

（1）用户行为因素的影响。

（2）网页动画规格形式对效果的影响。

（3）网页动画设计与投放对效果的影响。

网页动画设计中存在的问题有：首先网页动画设计主题不明确，其次是设计缺乏吸引力，信息内容过于直白，再次是没有创意的网页动画大多相似，如颜色和图案没有视觉上的冲击力、广告文案过于平淡等，使用户没兴趣单击。

字节数过大：有些专业服务商对网页动画的字节数有一定限制，字节数过大的广告下载速度慢，往往没下载完毕用户就关闭了网页。

（4）网页动画投放对效果的影响。

生命周期：有些广告过了促销期，甚至浏览者多为重复用户，调查表明，半数以上的网页动画的生命周期在三周以内，过时的网页动画会降低效果甚至无谓地浪费广告空间。

资源相关性：利用内容相关的网络资源进行广告投放才能实现目标定位，但在实际操作中并不容易，一是对网页动画资源缺乏全面的了解，二是限于预算或广告空间，难以获得期望的网页动画资源。

片面追求点击率：有些网页动画为了追求点击率，往往采用猎奇甚至欺骗的信息吸引用户点击，这样做虽然提高了点击率，却不一定形成转化率，降低了总体投资收益。

服务商专业水平：服务商的水平体现在网页动画资源的价值以及网页动画的管理水平两个方面，有些网页动画服务提供商甚至采用不正当点击等欺诈手段。

活动 2　制作复杂逐帧动画

（一）活动描述

在教师的引领下，通过本教材完成制作复杂逐帧动画的内容，并学习制作复杂逐帧动画的方法。

学习单元一　设计矢量图形与逐帧网页动画

（二）工作环境

活动环境要求：多媒体投影。

所需工具：铅笔、橡皮、笔、纸、Flash、Photoshop 等。

（三）相关知识

1. 网页动画基本常识

增进网页动画效果的措施

① 重视网页动画策略调研：从制订网页动画计划到设计制作、选择资源并投放网页动画，每个环节都需要进行有针对性的调研，比如提前对网页动画的效果进行分析，会达到一个什么样的效果或程度；竞争者对网页动画策略是从哪些方面着手的，找出它们的一些漏洞所在；对它的资源及其特点进行分析；对网页动画价格的定位进行估算；最后是对网页动画设计的关键要素，针对于行业的不同，设计不同的风格。

② 设计针对性的网页动画：例如，设计有吸引力，有创意的广告，采用鲜明的色彩使得广告更容易被发现；广告中利用幽默、好奇、郑重承诺等文字引起访问者的兴趣；使用"点击这里"等经典用语，并将其置于广告右边，一要针对不同阶段的产品或品牌特征，二要针对用户浏览网页动画的行为特点，设计一个能引起注意的、有创意的网页动画。

③ 优化网页动画资源组合：网页动画最终是通过一些网络媒体才可以被用户访问和浏览，所以说资源的选择对广告效果会产生直接的影响，确保网页动画投放有针对性，使得网页动画在相应的网络媒体中达到较好的效果，按照网页动画资源的选择原则，确定最合理的广告资源组合，然后进一步研究投放广告的周期和时间，以及在不同网络媒体中的表现形式和投放位置，使得每一个广告在每一个相应的媒体中得到最佳效果。

④ 对网页动画效果进行跟踪控制：利用专业网页动画服务商的管理系统实时查看广告效果统计，并且对此进行分析和对比，通过对比可以看出网页动画所带来的访问量增长情况，包括每个广告的显示次数、点击率、费用清单等。分析网页动画的效果还可及时发现存在的问题，对表现不理想的广告或媒体进行必要的调整，最终实现整体网页动画效果的最大值。

⑤ 网页动画调研的主要内容包括竞争者的网页动画策划、网页动画的预期效果、网页动画资源及其特点、网页动画的价格、网页动画设计的关键要素等环节都要进行充分的调研，做到有的放矢。

2. Flash 操作技能

补间形状：在形状补间中，用户在时间轴中的一个特定帧上绘制一个矢量形状，并更改该形状或是在另一个特定帧上绘制另一个形状。然后，在这两帧之间的帧内插入这些中间形状，创建出从一个形状变形为另一个形状的动画效果，如图 1-88 所示。

1）创建补间形状

以下步骤演示如何在时间轴的第 1 帧与第 30 帧之间创建补间形状。不过，也可以在所选的时间轴的任何部分中创建补间形状。

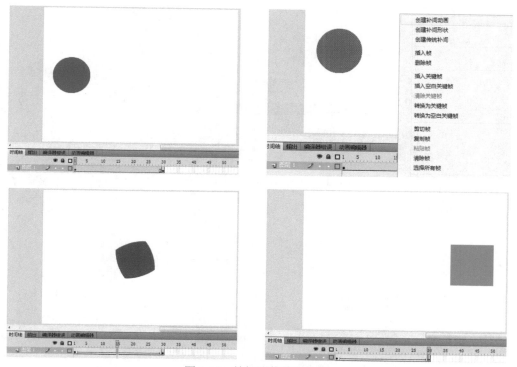

图 1-88　补间形状动画效果

（1）在第 1 帧中，使用矩形工具绘制一个正方形，如图 1-89 所示。

（2）选择同一图层的第 30 帧，然后通过选择"插入"→"时间轴"→"空白关键帧"或按 F7 键来添加一个空白关键帧，如图 1-90 所示。

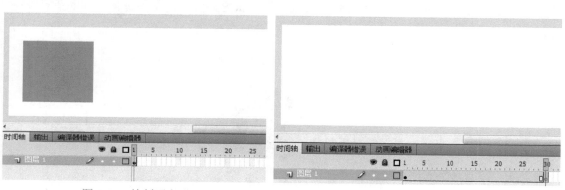

图 1-89　绘制正方形　　　　　　　　　　　图 1-90　添加空白关键帧

（3）在舞台上，使用椭圆工具在第 30 帧中绘制一个圆，如图 1-91 所示。

此时，第 1 帧中应包含一个带正方形的关键帧，并且第 30 帧中应包含一个带圆形的关键帧。

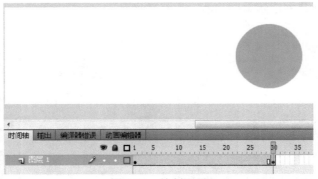

图 1-91   绘制圆形

（4）在时间轴上，从位于包含两个形状的图层中的两个关键帧之间的多个帧中选择一个帧，如图 1-92 所示。

图 1-92   选择一个帧

（5）选择"插入"→"补间形状"命令，Flash 将形状内插到这两个关键帧之间的所有帧中，如图 1-93 所示。

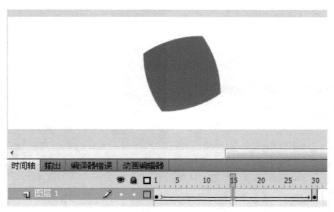

图 1-93   插入补间形状

（6）若要预览补间，请在时间轴中将播放头拖过这些帧，或按 Enter 键，如图 1-94 所示。

图 1-94　预览补间形状

（7）若还要对形状进行动画补间，请在舞台上将第 30 帧中的形状移动到与该形状在第 1 帧中所处位置不同的位置。通过按 Enter 键预览动画。

2）使用形状提示控制形状变化

若要控制更加复杂或罕见的形状变化，可以使用形状提示。形状提示会标识起始形状和结束形状中的相对应的点。例如，如果要补间一张正在改变表情的脸部图画时，可以使用形状提示来标记每只眼睛。这样在形状发生变化时，脸部就不会乱成一团，每只眼睛还都可以辨认，并在转换过程中分别变化。为了制作更生动的形状渐变动画，可以添加变形控制点来控制变形的方式。

（1）添加变形控制点。选中图形，执行"修改"→"形状"→"添加形状提示"命令，添加变形控制点，如图 1-95 所示。

图 1-95　添加变形控制点

（2）编辑变形控制点。拖动变形控制点可以移动该控制点。将变形控制点拖出舞台，将删除该控制点。执行"修改"→"形状"→"删除所有提示"命令，将删除所有变形控制点。

形状提示包含从 a 到 z 的字母，用于识别起始形状和结束形状中相对应的点。最多可以使用 26 个形状提示。起始关键帧中的形状提示是黄色的，结束关键帧中的形状提示是绿色的，当不在一条曲线上时为红色。

如图 1-96 所示，确保形状提示是符合逻辑的。例如，如果在一个三角形中使用三个形状提示，则在原始三角形和要补间的三角形中它们的顺序必须相同。它们的顺序不能在第一个关键帧中是 abc，而在第二个中是 acb。

图 1-96　确保形状提示符合逻辑

（3）使用形状提示。

① 选择补间形状序列中的第一个关键帧，如图 1-97 所示。

图 1-97　选择补间形状序列中的第一个关键帧

② 选择"修改"→"形状"→"添加形状提示"命令，如图 1-98 所示，起始形状提示会在该形状的某处显示为一个带有字母 a 的红色圆圈。

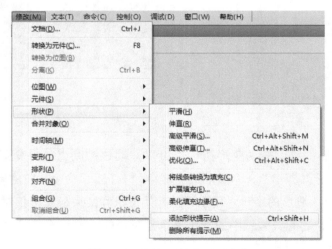

图 1-98　"添加形状提示"命令

③ 将形状提示移动到要标记的点，如图 1-99 所示。

④ 选择补间序列中的最后一个关键帧。结束形状提示会在该形状的某处显示为一个带有字母 a 的绿色圆圈，如图 1-100 所示。

图 1-99　将形状提示移动到要标记的点　　　　图 1-100　结束形状提示

⑤ 重复这个过程，添加其他的形状提示，将出现新的提示，所带的字母紧接之前字母的顺序（b、c 等），如图 1-101 所示。

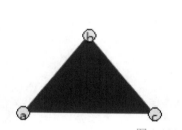

图 1-101　添加其他的形状提示

（4）查看所有形状提示。选择"视图"→"显示形状提示"命令。仅当包含形状提示的图层和关键帧处于活动状态下时，"显示形状提示"命令才可用，如图 1-102 所示。

图 1-102　"显示形状提示"命令

（5）删除形状提示或将其拖离舞台，如图 1-103 所示。

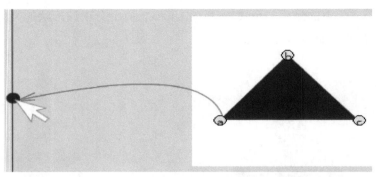

图 1-103　删除形状提示

（6）删除所有形状提示。选择"修改"→"形状"→"删除所有提示"命令，如图 1-104 所示。

图 1-104　"删除所有提示"命令

3）形状渐变

（1）启动 Flash 软件，用多边形工具在场景中绘制一星形，如图 1-105 所示。

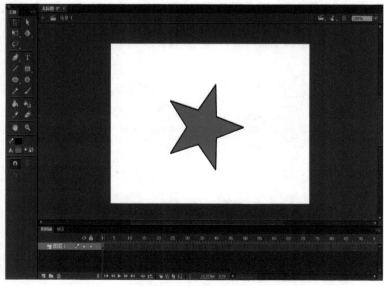

图 1-105　绘制星形

（2）然后在 25 帧的位置插入关键帧，用缩放工具调整星形的大小，如图 1-106 所示。

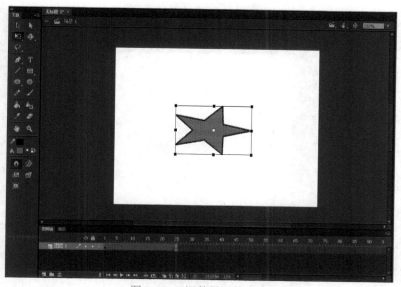

图 1-106　调整星形的大小

（3）选择第 1 帧到第 25 帧之间的任何一帧，右击，在弹出的快捷菜单中选择"创建补间形状"选项（因为该星形没有转换成图形元件，所以它还是形状），如图 1-107 所示。

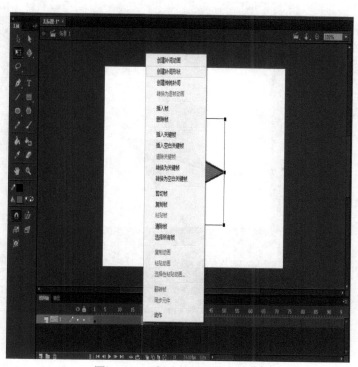

图 1-107　"创建补间形状"选项

（4）按 Enter 键进行预览，如图 1-108 所示。

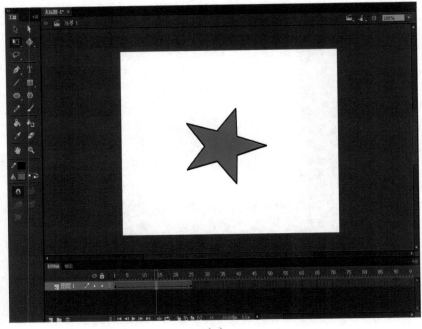

（a）

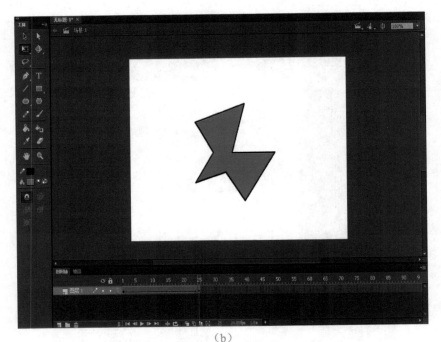

（b）

图 1-108　预览效果

（5）下面利用形状渐变来制作一个弹跳的小球。启动 Flash 软件，选择椭圆工具，不要边框，填充方式为径向填充，绘制正圆，如图 1-109 所示。

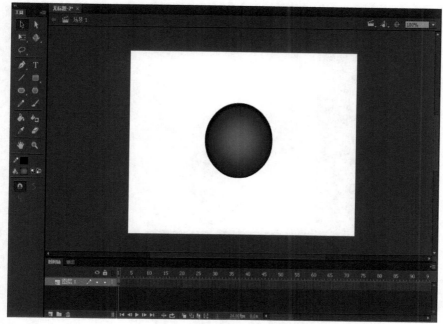

图 1-109　绘制正圆

（6）用填充变形工具改变填充的中心点，如图 1-110 所示。

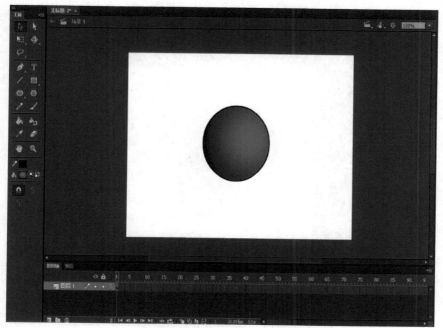

图 1-110　用填充变形工具改变填充的中心点

（7）在 15 帧处插入关键帧，并改变小球的位置，如图 1-111 所示。

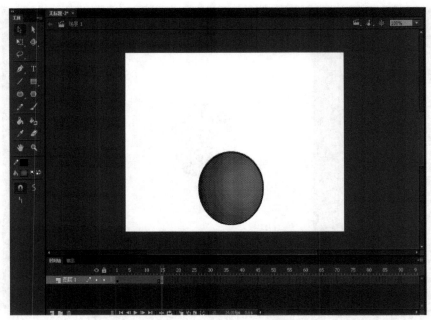

图 1-111　插入关键帧并调整位置

（8）用鼠标单击 1 到 15 之间任何一帧，在属性栏选择"形状"，将补间调为"-100"，如图 1-112 所示。

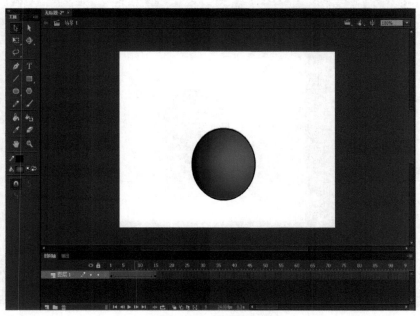

图 1-112　调整效果

（9）分别在 16 帧和 17 帧处插入关键帧，如图 1-113 所示。

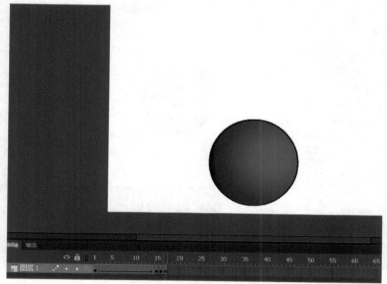

图 1-113　插入关键帧

（10）用变形工具将 16 帧的小球高度变小，如图 1-114 所示。

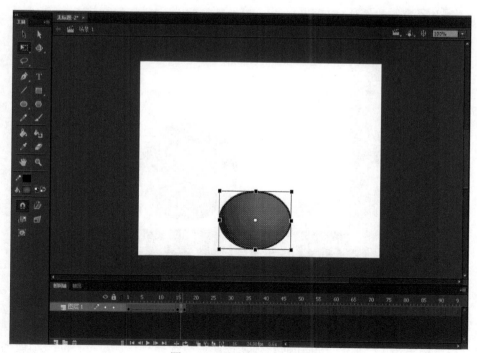

图 1-114　调整小球的高度

（11）对着第 1 帧右击，选择"复制帧"选项，如图 1-115 所示。

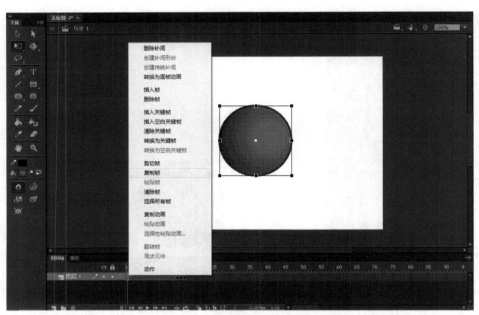

图 1-115 "复制帧"选项

（12）在 30 帧处右击，选择"粘贴帧"选项，如图 1-116 所示。

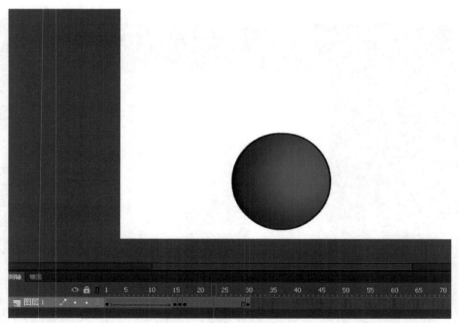

图 1-116 "粘贴帧"选项

（13）用鼠标单击 17 到 30 之间任何一帧，在属性栏选择"形状"，将补间缓动调为"100"，如图 1-117 所示。

（14）按 Ctrl+Enter 组合键进行预览。

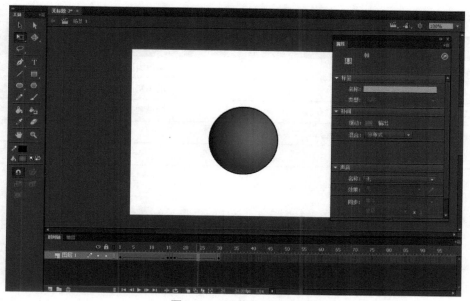

图 1-117　调整补间缓动

经验分享：

① 改变 16 帧小球外形的原因是因为当小球与地面发生碰撞时小球会变化。

② 调整"补间缓动"的作用是让小球加速还是减速，当"补间缓动"为负值时，小球运动速度越来越快；当"补间缓动"为正值时，小球运动速度越来越慢。最后一帧复制第一帧是因为小球弹起后的位置与第一帧小球的位置几乎相同，通过前几部分的学习你应该知道了图形元件、形状、移动渐变以及形状渐变（就是改变其外形）之间的关系，并能做出简单的动画效果。

练一练

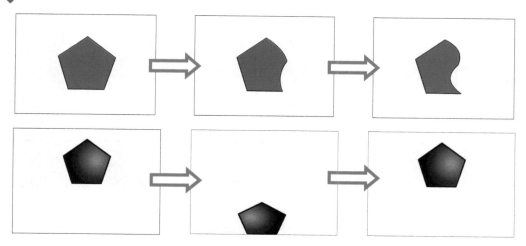

（四）活动实施

活动 - 工作单			
动画片名称	《袋鼠与饲养员》	动画制作员姓名	填写姓名
镜头名称	饲养员走路	动画制作员编号	填写学号
镜头属性	720×576 像素　帧频 25/ 秒	动画制作项目小组	填写组号
镜头内容	情 节：饲养员正面走路动作		
特殊要求	无		
镜头素材	图层一：上身＋头部＋左右胳膊（遮挡交替） 图层二：腿部 图层三：左右胳膊（遮挡交替） 图层四：阴影		
镜头要点	图层一：上身＋头部＋左右胳膊的逐帧动画 图层二：腿部的逐帧动画 图层三：左右胳膊（遮挡交替）的逐帧动画 图层四：阴影的逐帧动画 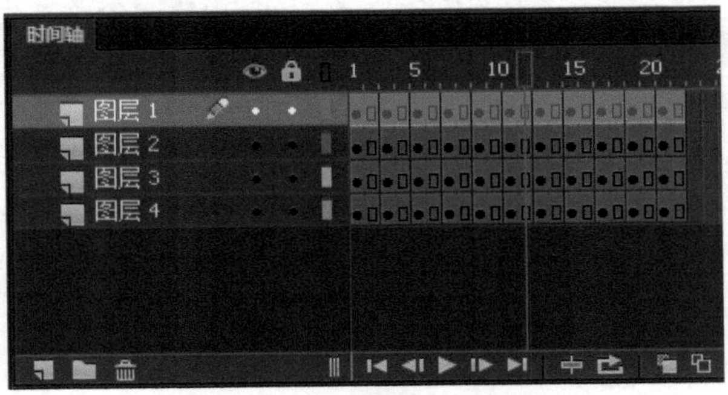 上下层之间的排列关系		
完成情况			
组长		导演	

详细步骤如下。

（1）打开《袋鼠与饲养员》饲养员走路 .swf 项目文件，首先欣赏最终效果，如图 1-118 所示。

（2）打开《袋鼠与饲养员》饲养员走路 - 学生用.fla 项目文件，如图 1-119 所示。

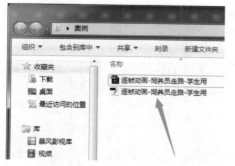

图 1-118　打开 SWF 项目文件

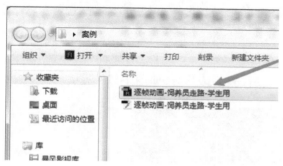

图 1-119　打开 Flash 项目文件

（3）打开库列表会看到所需要用到的元件，如图 1-120 所示。

（4）将元件一一拖到舞台（左右胳膊与腿只用 1 号元件），并拼成如图 1-121 所示的样子。

图 1-120　打开库列表

图 1-121　拼成后的效果

（5）这时再建立 3 个图层，并调整层上下的位置使图层从上至下为 1、2、3、4 排序，如图 1-122 所示。

图 1-122　调整图层的顺序

（6）开始将元件放入各层，将"图层 1"的腿部剪切到"图层 2"（粘贴的时候，一定要是粘贴到当前位置，否则位置会偏移），如图 1-123 所示。

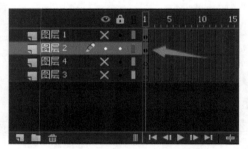

图 1-123　将"图层 1"的腿部剪切到"图层 2"

（7）之后再将"图层 1"的右胳膊 1 剪切到"图层 3"，如图 1-124 所示。

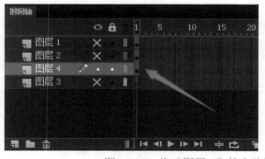

图 1-124　将"图层 1"的右胳膊 1 剪切到"图层 3"

（8）最后将"图层 1"的阴影剪切到"图层 4"，如图 1-125 所示。

制作过程中为了方便确认每个图层都有什么元件可以用"显示或隐藏图层"按钮来确认，如图 1-126 所示。

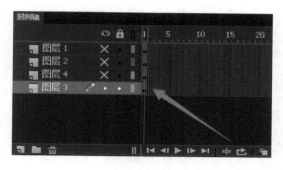

图 1-125　将"图层 1"的阴影剪切到"图层 4"

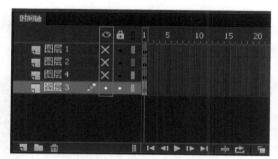

图 1-126　显示或隐藏图层

（9）这时第 1 帧动画就算完成了，效果如图 1-127 所示。

图 1-127　第 1 帧动画完成效果

（10）选中所有图层的第 1 帧，如图 1-128 所示。

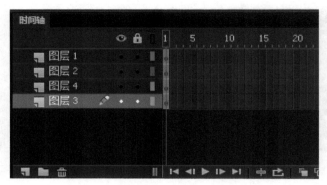

图 1-128　选中所有图层的第 1 帧

（11）可以从菜单栏的"插入"→"时间轴"→"帧"命令来添加帧，或者用 F5 键直接添加帧，如图 1-129 所示。

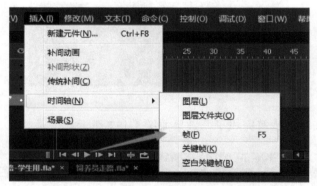

图 1-129　"帧"命令

（12）添加帧后的效果，如图 1-130 所示。

图 1-130　添加帧后的效果

（13）开始制作动画的第 2 帧，第一步选中所有图层的第 3 帧，如图 1-131 所示。

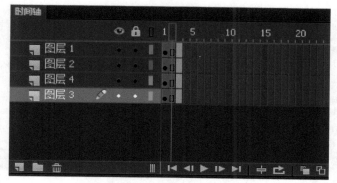

图 1-131　选中所有图层的第 3 帧

（14）可以从菜单栏的"插入"→"时间轴"→"关键帧"命令，或者用 F6 键为第 3
帧添加关键帧，如图 1-132 所示。

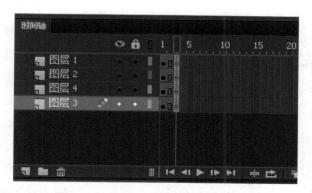

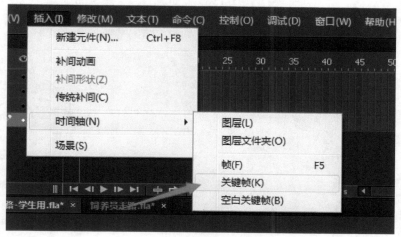

图 1-132　"关键帧"命令

（15）首先将左右胳膊与腿换成 2 号元件，并调整好位置，效果如图 1-133 所示。

（16）因为走路要遵照运动的规律，要将人物上身向上调整一些不需要太多，效果如
图 1-134 所示。

图 1-133　调整好的效果

图 1-134　人物上身调整好的效果

图 1-135　第 5 帧制作效果

（17）用同样的方法制作第 5 帧，如图 1-135 所示。

（18）到了第 7 帧的时候也就是动画的第 4 个动作要做一个改变，将左胳膊剪切到"图层 3"，将右胳膊剪切到"图层 1"，这样做是为了更好地表现胳膊与身体的遮挡关系，如图 1-136 所示。

（19）继续用这种方式制作第 9 帧，如图 1-137 所示。

（20）制作第 11 帧的时候胳膊都要用 5 号元件（图 1-138），而第 13 帧用 4 号元件（图 1-139），以此类推。

第 7 帧图层 1

第 7 帧图层 3

第 7 帧全图

图 1-136　第 7 帧的制作过程

图 1-137 第 9 帧全图

图 1-138 第 11 帧全图

（21）制作第 15 帧的时候同样为了遮挡关系将左右胳膊互换图层，如图 1-140 所示。

（22）继续用上述方法制作第 17、19、21 帧，分别如图 1-141 ～图 1-143 所示。

图 1-140 第 15 帧全图

图 1-141 第 17 帧全图

（23）为了方便大家知道走路运动规律的上下摆动大小，图 1-144 将动画所有动作放在一块做个高度比较。

（24）完成后执行"文件"→"保存"命令（制作过程中也要注意保存，防止软件崩溃）。

（25）按 Ctrl+Enter 组合键发布 SWF 文件。

最终效果如图 1-145 所示。

图 1-139 第 13 帧全图

图 1-142　第 19 帧全图

图 1-143　第 21 帧全图

图 1-144　走路运动规律的上下摆动大小

图 1-145　最终效果

（五）拓展训练

尝试完成制作复杂逐帧动画的实践训练。

项目名称："上感网"逐帧动画。

项目要求：利用画笔工具做出逐帧动画效果。

项目尺寸：500×400px。

最终制作效果如图 1-146 所示。

图 1-146　"上感网"逐帧动画效果

回答问题：

设计针对性的网页动画要注意哪些方面？

答：

参考答案：

设计针对性的网页动画要注意哪些方面？

答：一要针对不同阶段的产品或品牌特征，二要针对用户浏览网页动画的行为特点，设计一个能引起注意的、有创意的网页动画。例如，采用鲜明的色彩使得广告更容易被发现；广告中利用幽默、好奇、郑重承诺等文字引起访问者的兴趣；使用"点击这里"等经典用语，并将其置于广告右边。

任务验收

学生姓名： 班级： 学号： 组号：

	人员	评价标准	所占分数比例	各项分数	总分
任务 2	小组互评 （组长填写）	1．逻辑思维清晰（2） 2．做事认真、细致（3） 3．表达能力强（2） 4．具备良好的工作习惯（3）	10%		
	自我评价 （学生填写）	1．任务目标及需求（2） 2．制作简单逐帧动画（4） 3．制作复杂逐帧动画（4）	10%		
	专家评价 （专家填写）	完成任务并符合评价标准（60） 1．了解任务目标及需求 2．进一步了解网页动画设计师的岗位职责与企业标准 3．掌握制作复杂逐帧动画的方法 4．逻辑思维清晰，做事认真、细致，表达能力强，具备良好的工作习惯，具备团队合作能力	60%		
	进退步评价 （教师填写）	1．完成任务有明显进步（15~20） 2．完成任务有进步（10~15） 3．完成任务一般（5~10） 4．完成任务有退步（0~5）	20%		
	任务收获 （学生填写）				

学习单元二
设计补间与引导层网页动画

总体概述

本单元主要学习设计补间与引导层网页动画，主要是让学生通过学习掌握设计补间网页动画、设计引导层网页动画等。

了解设计逻辑，梳理逻辑内容，完善设计功能，进行制作简单补间动画、制作复杂补间动画、制作简单引导层动画、制作复杂引导层动画等。

工作内容

1. 设计补间网页动画。
2. 设计引导层网页动画。

职业标准

1. 具备分析客户需求、了解客户意图的能力。
2. 具备熟悉岗位职责与企业标准的能力。
3. 具备网页动画的设计方法、技能的能力。
4. 能够利用文本、图片、声音、视频等素材，制作图文并茂的网页动画。
5. 能够通过动画效果，制作具有动态效果的网页动画。
6. 具备将所学知识进行综合应用，制作符合要求的网页动画的能力。
7. 具有高度的责任心和认真细致的工作态度。
8. 具备良好的团队精神和良好的沟通能力。

教学工具

1. 铅笔、橡皮、笔、纸。
2. 多媒体机房，Flash、Photoshop 等。

❖ 任务1　设计补间网页动画

一、任务描述

通过《网页动画制作》教材中《狂吃幻想曲》片头、《文明宣传动画 - 地铁》地铁列车开门 -SC-8 镜头动画为载体，进行全方位实践，最终通过设计补间网页动画的学习，达到制作补间网页动画的能力并在实际工作中熟练应用，并锻炼学生举一反三的能力。

二、任务活动

活动 1 制作简单补间动画。

活动 2 制作补间动画网页动画。

三、学习建议

1. 需求分析：了解任务目标、需求，基本工作流程。
2. 实训任务：完成制作简单补间动画的任务。

备注：分组进行分析（4 人一组）。

四、评价标准

1. 熟悉 Flash 的绘图环境，熟练使用工具箱的工具进行绘图；能够创建和编辑文本。
2. 能够对 Flash 对象进行编辑。
3. 能够运用补间动画等表现手法进行制作。
4. 能够进行输出和发布动画。
5. 能够与上下级进行良好的沟通，并协调好工作。

五、任务实施

任务单

学生姓名：　　　　**班级：**　　　　**学号：**　　　　**组号：**

单元任务	活动	活动内容	活动时间	活动成果
任务 1： 设计补间 网页动画	1. 制作简单 补间动画	1. 了解分析客户需求的方法 3. 初步认识网页动画的设计原则和技术 3. 了解利用文本、图片等素材，制作矢量图形草图	2 课时	《狂吃幻想曲》- 片头
		设备需求： 1. 设备要求：配备有多媒体设备的专业课教室 2. 工具要求：铅笔、橡皮、笔、纸		
	2. 制作复杂 补间动画	1. 进一步认识网页动画设计师的岗位职责与企业标准 2. 了解网页动画的设计原则和技术 3. 进一步了解利用文本、图片等素材，制作矢量形状	4 课时	《文明宣传动画 - 地铁》- 地铁列车 开门 -SC-8
		设备需求： 1. 设备要求：配备有多媒体设备的专业课教室 2. 工具要求：铅笔、橡皮、笔、纸、Flash、Photoshop		

活动实施

活动 1　制作简单补间动画

（一）活动描述

在教师的引领下，通过本教材完成设计补间网页动画的内容，并学习制作简单补间动画的方法。

学习单元 二　设计补间与引导层网页动画

（二）工作环境

活动环境要求：多媒体投影。

所需工具：铅笔、橡皮、笔、纸等。

（三）相关知识

1．网页动画基本常识

网页动画策划流程图，如图 2-1 所示。

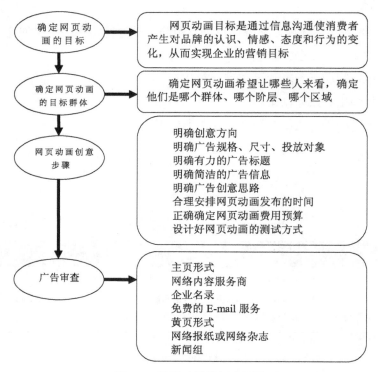

图 2-1　网页动画策划流程图

提示　　其中我们主要设计的就是网页动画创意部分，网页动画创意要有明确有力的标题和简洁的广告信息，并根据网络媒介的独特性，运用网络手段增强广告互动性，如在广告上增加游戏功能，提高访问者对广告的兴趣等。

2．Flash 软件操作技能

图形元件

1）制作矩形的变化

（1）启动 Flash 软件，单击第 1 帧，然后单击左边工具箱中的矩形工具，边框选择没有颜色，如图 2-2 所示，填充选择自己所喜欢的颜色如图 2-3 所示。

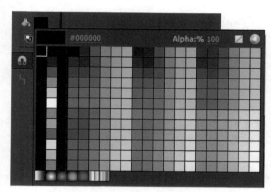

图 2-2 边框颜色设置

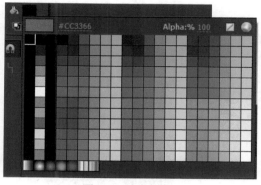

图 2-3 填充颜色

（2）在工作区按住鼠标左键拖动绘制出圆形，如图 2-4 所示。

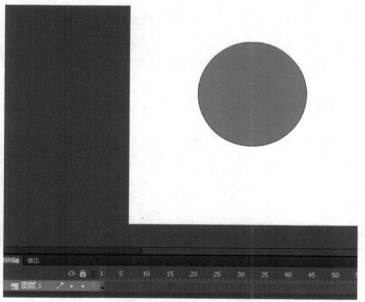

图 2-4 绘制图形

（3）用选取工具  单击一下椭圆工具，选择"插入"菜单下的"转换成元件"命令，将弹出如图 2-5 所示的对话框，在"名称"栏中输入"圆形动作变化"，"类型"为"图形"，然后单击"确定"按钮此时画面应为如图 2-6 所示。

图 2-5 "转换为元件"对话框

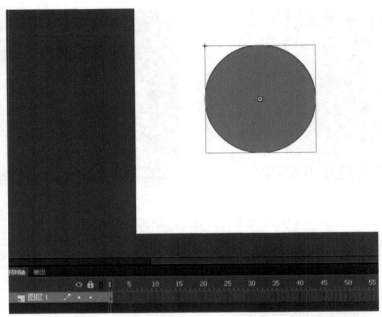

图 2-6　转换为元件后的效果

（4）鼠标放在 20 帧处右击，在弹出的菜单中选择"插入关键帧"选项，如图 2-7 所示。

图 2-7　插入关键帧

（5）用鼠标单击任意变形工具，将圆形调小，如图 2-8 所示。

图 2-8　调整图形大小

（6）用鼠标单击 1 到 20 帧之间的任何一帧（不能是最后一帧，所以 20 帧除外），右击，然后选择"创建传统补间"选项，如图 2-9 所示。

（7）这样一个简单的动画就做成了，按 Ctrl+Enter 组合键进行预览。

最终效果如图 2-10 所示。

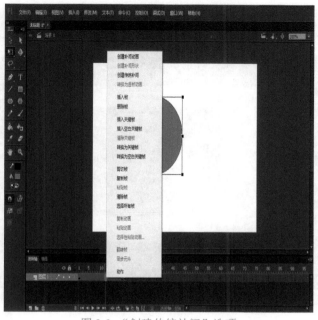

图 2-9 "创建传统补间"选项

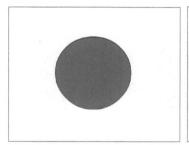  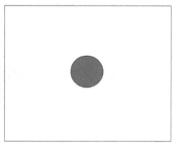

图 2-10 最终效果

经验分享：

① 图 2-8 中，在 20 帧处插入的关键帧是复制了前面和它最近的关键帧（此处为第 1 帧），所以第 20 帧和第 1 帧完全一样。

② 图 2-9 中，2 到 19 帧像普通帧一样看似有内容，其实没有，它们是从第 1 帧到 20 帧的一个过渡，所以称为过渡帧。

③有人会问："图 2-6 为什么要转换成图形元件？"这个问题后面会讲到，暂时只需要记住当转换成图形元件后，下面要选择"创建传统补间"选项就可以了。

④ 在绘制矩形时选择边框为无色，是因为一旦有了边框颜色在将矩形转换成图形元件的时候就必须把边框一起转换，而初学者一般都容易漏选边框。

⑤ 变化的快慢可以控制，Flash 默认为每秒播放 12 帧，所以可以计算出应该在什么地方插入关键帧。

2）制作照片的出现效果

（1）启动 Flash，打开"文件"菜单，选择"导入"命令，选择一张照片，如图 2-11 所示。

图 2-11　导入照片

（2）用选取工具 ![选取工具] 单击图片，然后按 F8 键，出现了图 2-12 所示的对话框，然后单击"确定"按钮，效果如图 2-13 所示。

图 2-12　"转换为元件"对话框

图 2-13　转换为元件后的效果

（3）将鼠标放在 25 帧处右击，在弹出的快捷菜单中选择"插入关键帧"命令，将出现图 2-14 所示的画面。

图 2-14　插入关键帧

（4）用鼠标单击第 1 帧，然后单击 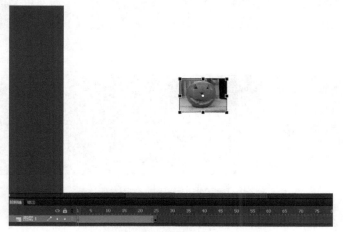 按钮，图片周围出现 8 个控制点，用鼠标拖动四角任意一角的控制点，将图片缩小，如图 2-15 所示。

图 2-15　调整图片的大小

（5）用鼠标单击第 1 帧，选择菜单栏中的"插入"→"传统补间"命令，如图 2-16 所示。

图 2-16　插入补间动画

（6）现在就可以 Ctrl+Enter 组合键进行预览了，可以看到一张图片由小变大的效果，接下来要做让这张照片再渐渐向右上角消失的效果，在第 50 帧处插入关键帧，移动图片到右上角，如图 2-17 所示。

（7）用鼠标选中图片，在属性栏调整透明度，将 Alpha 值调到 0%，如图 2-18 所示。

（8）用鼠标单击第 25 到 50 帧之间任何一帧，插入传统动画，其结果如图 2-19 所示，此时再按 Ctrl+Enter 组合键，测试影片。

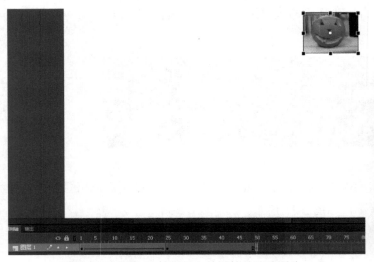

图 2-17　在第 50 帧处插入关键帧并移动图片　　　　　　　图 2-18　调整透明度

图 2-19　插入传统动画

（9）最终效果如图 2-20 所示。

图 2-20　最终效果

练一练

通过以上两个例子，让我们感觉到 Flash 功能的强大，只需要两个关键帧，中间的那些变形都交给 Flash 去做。

（四）活动实施

活动 - 工作单			
动画片名称	《狂吃幻想曲》	动画制作员姓名	填写姓名
镜头名称	片头	动画制作员编号	填写学号
镜头属性	720×576 像素	动画制作项目小组	填写组号
镜头内容	情 节：动画标题的出现 镜头层："狂""吃""幻""想""曲"五个字出现的动画		
特殊要求	1. 补间动画的五个字的出现。 2. 逐帧动画的字体动态表现		
镜头素材	1. 文字"狂"元件 2. 文字"吃"元件 3. 文字"幻"元件		4. 文字"想"元件 5. 文字"曲"元件
镜头要点	 上下层之间的排列关系		
完成情况			
组长		导演	

详细步骤如下。

（1）打开《狂吃幻想曲》SC- 狂吃幻想曲 .swf 项目文件，首先欣赏最终效果，如图 2-21 所示。

（2）打开《狂吃幻想曲》SC- 狂吃幻想曲 - 学生用 .fla 项目文件，如图 2-22 所示。

图 2-21　打开 SWF 项目文件　　　　　　　　图 2-22　打开 Flash 项目文件

（3）首先在"狂"层从库中拖入"狂"元件到适应的位置，如图 2-23 所示。

图 2-23　在"狂"层从库中拖入"狂"元件

（4）在"狂"层第 18 帧处插入关键帧，如图 2-24 所示。

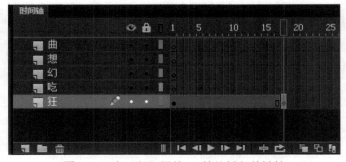

图 2-24　在"狂"层第 18 帧处插入关键帧

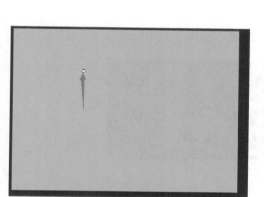

图 2-25　将"狂"层第 1 帧的"狂"元件缩小

（5）将"狂"层第 1 帧的"狂"元件缩小，缩到看不见为止，如图 2-25 所示。

（6）将"狂"层第 1 帧至 18 帧之间创建传统补间，如图 2-26 所示。

（7）选中在"狂"层第 1 帧至 17 帧之间的任意一帧，在属性栏中"缓动"调"-100"、"旋转"调成顺时针 8 圈，如图 2-27 所示。

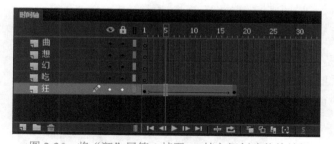

图 2-26　将"狂"层第 1 帧至 18 帧之间创建传统补间

图 2-27　设置补间缓动和旋转

（8）在"吃"层的第 18 帧处插入关键帧，然后从库中将"吃"元件拖入舞台并调整位置，如图 2-28 与图 2-29 所示。

图 2-28　插入关键帧

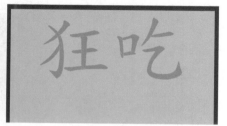

图 2-29　将"吃"元件拖入舞台并调整位置

（9）在"吃"层的第 33、34、35、43、50、51、52、56、61 帧处插入关键帧，如图 2-30 所示。

（10）将"吃"层的第 18 帧的"吃"元件向上位移，如图 2-31 所示。

图 2-30　插入关键帧

图 2-31　将"吃"层的第 18 帧的"吃"元件向上位移

（11）将"吃"层的第 34 帧的"吃"元件压扁，如图 2-32 所示。

（12）将"吃"层的第 43 帧的"吃"元件向上位移，如图 2-33 所示。

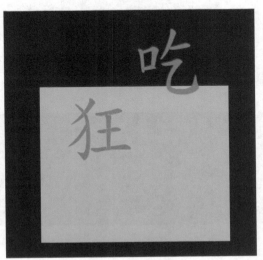

图 2-32　将"吃"层的第 34 帧的"吃"元件压扁　　图 2-33　将"吃"层的第 43 帧的"吃"元件向上位移

（13）将"吃"层的第 51 帧的"吃"元件压扁（压扁的程度要比第 34 帧小），如图 2-34

所示。

（14）将"吃"层的第 56 帧的"吃"元件向上位移，如图 2-35 所示。

 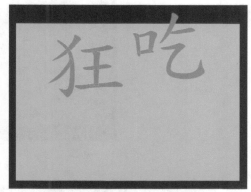

图 2-34　将"吃"层的第 51 帧的"吃"元件压扁　图 2-35　将"吃"层的第 56 帧的"吃"元件向上位移

（15）在"吃"层的第 18 帧至 33 帧、35 帧至 43 帧、43 帧至 50 帧、52 帧至 56 帧、56 帧至 61 帧处创建传统补间，如图 2-36 所示。

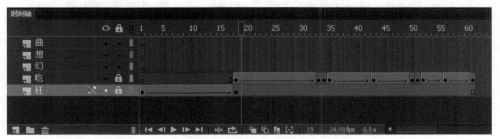

图 2-36　创建传统补间

（16）在"幻"层的第 61 帧处插入关键帧，然后从库中将"幻"元件拖入舞台并调整位置，如图 2-37 与图 2-38 所示。

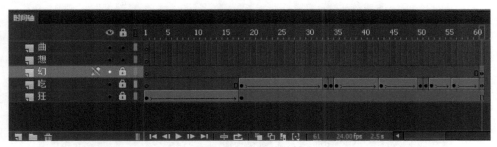

图 2-37　插入关键帧

（17）在"幻"层的第 74 帧处插入关键帧，如图 2-39 所示。

（18）在"幻"层的第 51 帧将"幻"元件向中心压扁，如图 2-40 所示。

（19）在"幻"层的第 68 帧处插入关键帧，如图 2-41 所示。

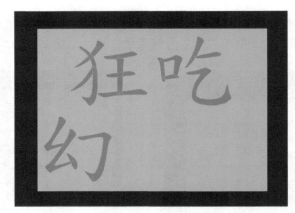

第 2-38　将"幻"元件拖入舞台并调整位置

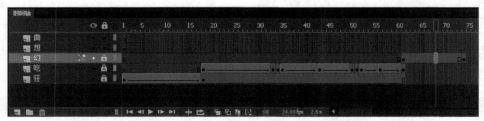

图 2-39　在"幻"层的第 74 帧处插入关键帧

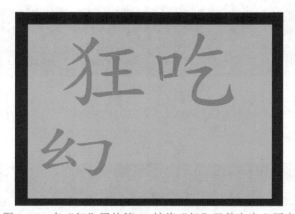

图 2-40　在"幻"层的第 51 帧将"幻"元件向中心压扁

（20）在"幻"层的第 61 帧处将"幻"元件位移，如图 2-42 所示。

图 2-41　在"幻"层的第 68 帧处插入关键帧

图 2-42　在"幻"层的第 61 帧处将"幻"元件位移

（21）在"幻"层的第 71 帧处插入关键帧，如图 2-43 所示。

图 2-43　在"幻"层的第 71 帧处插入关键帧

（22）在"幻"层的第 11 帧将"幻"元件左右压扁，如图 2-44 所示。

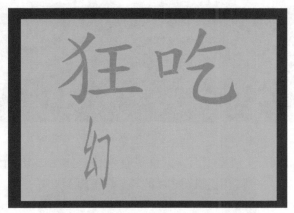

图 2-44　在"幻"层的第 11 帧将"幻"元件左右压扁

（23）在"幻"层的第 61 帧至 68 帧、68 帧至 71 帧、71 帧至 74 帧处创建传统补间，如图 2-45 所示。

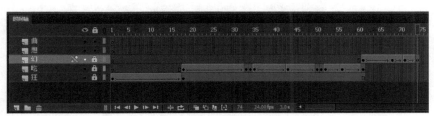

图 2-45　创建传统补间

（24）在"想"层的第 74 帧处插入关键帧，然后从库中将"想"元件拖入舞台并调整位置，如图 2-46 所示。

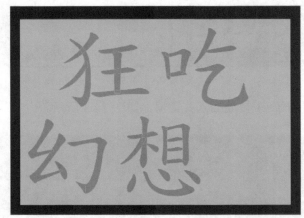

图 2-46　将"想"元件拖入舞台并调整位置

（25）在"想"层的第 100 帧处插入关键帧，如图 2-47 所示。

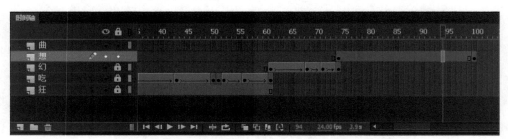

图 2-47　在"想"层的第 100 帧处插入关键帧

（26）在"想"层的第 74 帧将"想"元件进行位移，如图 2-48 所示。

图 2-48　将"想"元件位移

（27）在"想"层的第 74 帧将"想"元件选中，并在属性栏中改动 Alpha 值为 0，如图 2-49 所示。

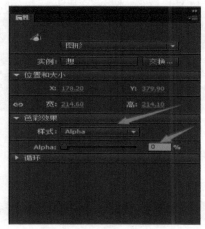

图 2-49　改动 Alpha 值

（28）在"幻"层的第 61 帧至 68 帧处创建传统补间，如图 2-50 所示。

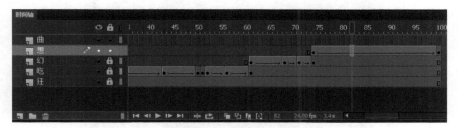

图 2-50　创建传统补间

（29）将"幻"层的第 74 帧至 100 帧选中其中任意一帧（除了第 100 帧），在属性栏中改动"缓动"为"100"，"旋转"为顺时针 2 圈，如图 2-51 所示。

图 2-51　改动缓动和旋转的属性值

（30）在"曲"层的第 100 帧处插入关键帧，如图 2-52 所示。

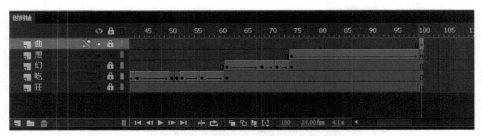

图 2-52　在"曲"层的第 100 帧处插入关键帧

（31）在"曲"层的第 100 帧处插入关键帧，然后从库中将"曲"元件拖入舞台并调整位置，如图 2-53 所示。

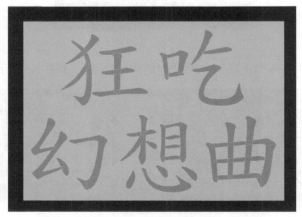

第 2-53　将"曲"元件拖入舞台并调整位置

（32）在"曲"层的第 132 帧处插入关键帧，如图 2-54 所示。

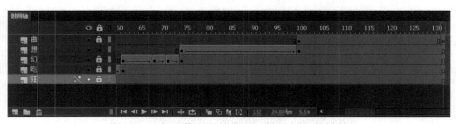

图 2-54　在"曲"层的第 132 帧处插入关键帧

（33）在"曲"层的第 100 帧处将"曲"元件放大，如图 2-55 所示。

（34）为"曲"层的第 100 帧至 132 帧之间创建传统补间，如图 2-56 所示。

（35）在"曲"层的第 111 帧处插入关键帧，如图 2-57 所示。

（36）将"曲"层的第 100 帧至 111 帧之间任意选中一帧（除去了第 111 帧），在属性栏中将 Alpha 改为 0，如图 2-58 所示。

图 2-55　在"曲"层的第 100 帧处将"曲"元件放大

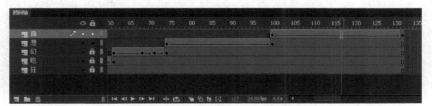

图 2-56　创建传统补间

图 2-57　插入关键帧

图 2-58　设置 Alpha 值

（37）将全部层的第 150 帧选中并插入帧，如图 2-59 所示。

图 2-59　将全部层的第 150 帧选中并插入帧

（38）为所有层在第 135、139 帧处插入关键帧，如图 2-60 所示。

图 2-60　为所有层在第 135、139 帧处插入关键帧

（39）将时间轴移动到第 135 帧，如图 2-61 所示。

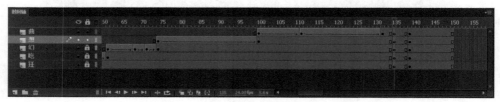

图 2-61　将时间轴移动到第 135 帧

（40）全选第 135 帧全部内容，如图 2-62 所示。

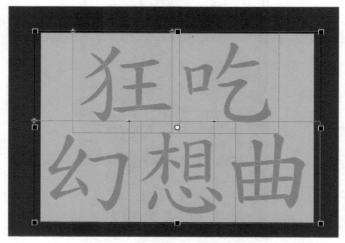

图 2-62　全选第 135 帧全部内容

（41）缩小所选中元件（适当缩小一点就好），如图 2-63 所示。

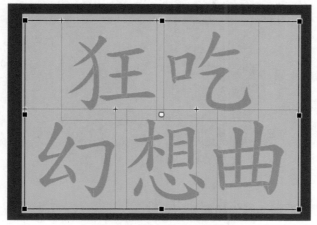

图 2-63　缩小所选中元件

（42）完成后执行"文件"→"保存"命令（制作过程中也要注意保存，防止软件崩溃）。

（43）按 Ctrl+Enter 组合键发布 SWF 文件。

最终效果如图 2-64 所示。

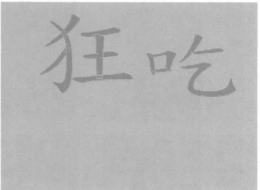
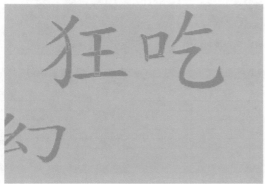
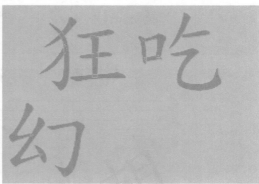

图 2-64　最终效果

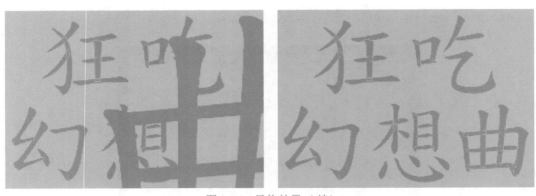

图 2-64　最终效果（续）

（五）拓展训练

尝试完成制作简单补间动画的拓展训练。

项目名称：汽车网页动画。

项目要求：利用补间动画的方式制作该项目。

项目尺寸：宽度为 300、高度为 250 像素、帧频为 24fps、背景颜色为橘黄色。

最终制作效果如图 2-65 所示。

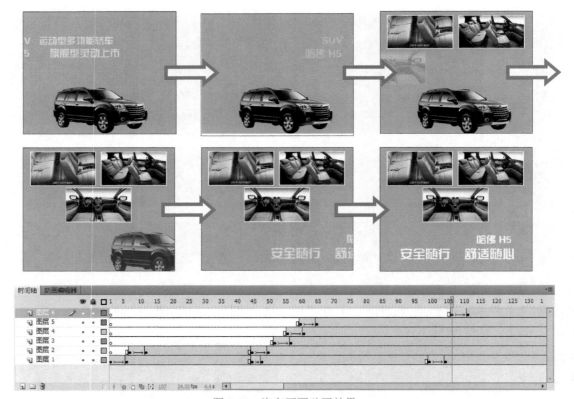

图 2-65　汽车网页动画效果

回答问题：

简述网页动画创意步骤。

答：

参考答案：

简述网页动画创意步骤。

答：明确创意方向、明确广告规格、尺寸、投放对象、明确有力的广告标题、明确简洁的广告信息、明确广告创意思路、合理安排网页动画发布的时间、正确确定网页动画费用预算、设计好网页动画的测试方式。

活动 2　制作复杂补间动画

（一）活动描述

在教师的引领下，通过本教材完成设计补间网页动画的内容，并学习制作复杂补间动画的方法。

（二）工作环境

活动环境要求：多媒体投影。

所需工具：铅笔、橡皮、笔、纸、Flash、Photoshop 等。

（三）相关知识

1. 网页动画基本常识

网页动画设计方案——以精致名品网店为例

（1）产品分析：精致名品网店，经营情侣戒指、耳饰、项链、手链、挂件等，产品经济实用，是众多小女生爱好的产品，市场范围广阔，营销量大，但在国内尚属于一个新兴行业，虽然之前是有类似的专卖店，但市场散乱、品牌空白，存在产品单一杂乱，缺乏创意，经营模式老化等严重问题，而且并没有专门的饰品专卖店，许多经营服饰的专卖店，只是随便印上相同的图案，缺乏新意，没有时尚意识，而在国外发达国家，饰品这个产业已日趋成熟，各种档次的专卖店星罗棋布。产品品种多样，价格相对实际店面更便宜，并且网店产品全部都是品牌产品，在质量上让消费者放心，并可提高可信任度，女性的生活品味、生活质量，正在发生着质的飞跃，消费者崇尚人性和时尚，不断塑造个性和魅力，更崇尚文化和风情，时尚饰品让女人释放美丽，美丽情结让女人慷慨解囊。

（2）产品劣势：相对于实物店面缺少消费者的信任度，没有实际的店面，产品对于部分消费者来说也是无形的东西。

（3）宣传目标：年龄在 20 ～ 35 岁之间，有一定的经济收入，有品位的时尚白领女性，对时尚有个人的见解和追求，有自己独立的价值观。

（4）品牌效应：提高品牌知名度，主要在渠道商形成品牌概念，已经在最终消费者形成品牌形象，增加网店知名度，提高消费者的信任度。

（5）销售促进：直接影响消费者心目中地位，可以做些适当的宣传活动，或是做一些打折的活动，吸引消费者的眼球，充分宣传产品优势，刺激购买欲望，直接促进产品销量。

（6）网页动画设计方案：女人天性爱美，当拥有了从生存消费向享受型消费转化的条件，她们对美的追求也在升华，审美的时尚化和生活品位的提高，使当代女性对饰品爱不释手，因为有饰品的装点，女人变得更加妩媚动人，饰品所展现的魅力，使女人成为它最大的消费群。所以该网络动画应该精致、简约、利用模特吸引顾客突出产品，并需要高质量的产品宣传照片素材突出产品的精致。

> **提示**　设计师在拿到策划方案，要逐一分析，去其糟粕、取其精华，要总结出客户要表现什么、定位要准。定位以后根据需求选择投放对象，然后定下尺寸，开始创意、设计、制作。

分析网页动画设计方案的步骤：阅读网页动画方案→设计定位→选择投放对象→选择设计规格、尺寸→创意文案→设计草稿→电子稿制作→测试。

2．Flash 操作技能

图 2-66　设置图形元件的名称

1）库和影片剪辑

（1）库。Flash 里面的库不仅为我们所做的"形状"提供了存放的空间，而且一旦"形状"放进库后，这些"形状"就可以被重复利用。启动 Flash 软件，在里面绘制一个五角星形，鼠标选中后按 F8 键把它转换成图形元件，名称为"星形"，如图 2-66 所示。

此时，形状（你所绘制的这个五角星形）就自动存放到了仓库中（库）。打开"窗口"下面的"库"，就可以看到你所绘制的五角星形，如图 2-67 所示。

在图 2-67 中的垃圾桶图标用来删除你在库中存放的"图形"，打开你以前保存的文件，按 F11 键调出库窗口，你会发现你所转换成图形元件的矩形、图片以及没有转换成元件的图片都被放进了库中。那么，库中到底能存放那些"物品"，又是怎样被重复利用的呢？库中可以存放三大元件（图形元件、影片剪辑元件和按钮元件）、位图（刚导入的图片）以及导入的声音，在场景中如果需要再次用到它们，就用鼠标直接把它们从库中拖到场景中即可，如图 2-68 所示。

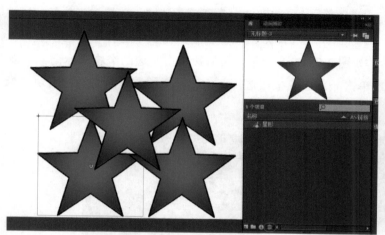

图 2-67　查看所绘制的星形

图 2-68　从库中拖到场景中的图形

当用鼠标双击库中的元件时可以对它进行编辑，比如双击图 2-68 中的五角星形元件，修改它的颜色，如图 2-69 所示，回到场景后你会发现里面所有的形状的颜色都变成了你所修改的颜色，这是因为它们在库中都是同一个元件。

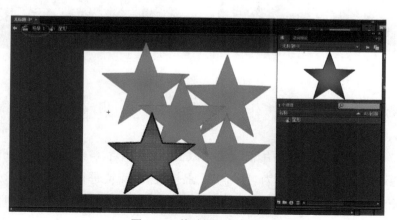

图 2-69　修改图形的颜色

经验分享：

文件之间还可以共享库，当你在文件 A 中辛辛苦苦地画了 1 个图形，把它保存为了图形元件，结果在文件 B 中也要用到它，是不是要重新去画呢？不需要，把两个文件都打开，按 F11 键调出库窗口，你会发现它们之间可以共用，将它拖到文件 B 中就可以了，与此同时该图形元件已经复制了一份放进了文件 B 的库中。

图 2-70　创建新元件

（2）影片剪辑。

① 启动 Flash 软件，执行"插入"菜单下的"新建元件"命令，在打开的对话中输入"名称"为"火焰"，"类型"选择"影片剪辑"，如图 2-70 所示。

② 单击 **确定** 按钮。选择椭圆工具，边框选择无色，在调色板面板中选择填充为"径向渐变"（就是从中心向四周填充），如图 2-71（a）所示，用鼠标单击左边的滑块（标记 1），如图 2-71（b）所示，然后用鼠标单击颜色选取按钮选择黄色，同样的方法将右边的滑块（标记 2）设为红色。

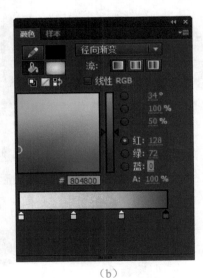

（a）　　　　　　　　　　　　　　　（b）

图 2-71　调色板面板

③ 绘制椭圆，用箭头工具将外形修改为火焰形状，用改变填充工具修改填充，如图 2-72 所示。

④ 在第 7 帧处插入关键帧，用箭头工具改变火焰的形状，然后鼠标放在第 1 到 7 帧中间，在属性栏选择创建动画方式为"形状"，直接按 Enter 键进行预览，看火焰是否能正常摆动，如果正常，就用同样的方法依次在第 14 帧、第 21 帧和第 30 帧处创建关键帧，如图 2-73 所示。

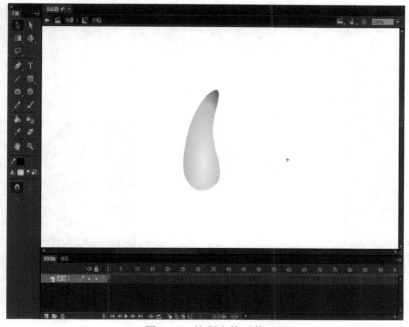

图 2-72　绘制火焰形状

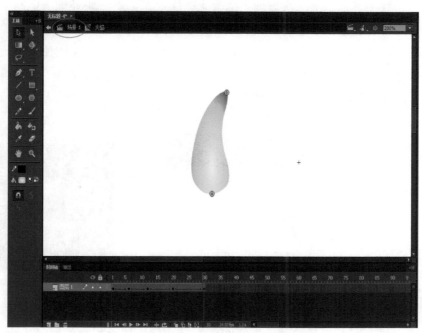

图 2-73　创建关键帧

⑤ 其实，我们以上所做的努力都是在给演员（火焰这个影片剪辑）化装，化好装后演员就可以蹬上舞台（场景）进行表演了，回到场景，按 F11 键打开库文件，将火焰拖到场景中，如图 2-74 所示。

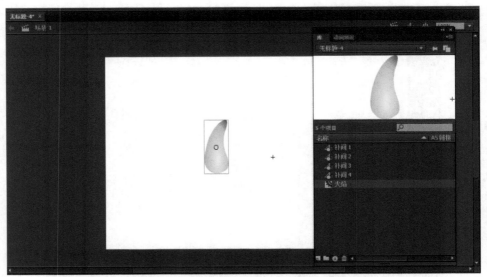

图 2-74　将火焰拖到场景中

按 Ctrl+Enter 组合键测试一下影片，一个动态的火焰就出现在我们眼前了。

⑥ 下面我们要用到层，为了更好地理解它的含义我们可以把它想象成玻璃，如果在第一块玻璃上写上数字"1"，第二块玻璃上面写上数字"2"，第三块玻璃上面写上数字"3"，当我们把这三块玻璃叠放在一起时，我们不是单独看到了哪一层的数字而是"123"全部显示出来，如图 2-75 所示，因为玻璃是透明的，所以也就不存在上面会遮住下面的问题。

三块玻璃就是三个层，透明而互不干扰，上面还可以继续添加层，双击图层名称可以对它进行命名，此处取名为"火焰"如图 2-76 所示。

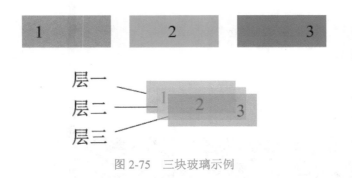

图 2-75　三块玻璃示例

图 2-76　命名图层名称

⑦ 单击"新建图层"按钮就增加了一个新图层，取名为"蜡烛体"如图 2-77 所示，然后我们就在这一层上面绘制蜡烛体，选择箭头工具，修改属性栏上的背景色为浅蓝色，用矩形工具绘制一白色矩形，选择墨水瓶工具，调整属性栏上面线条的颜色、粗细和类别，然后单击白色矩形，这样就给白色矩形添加了一个白色粗糙的边框，如图 2-78 所示。

⑧ 然后再新建图层，取名为"蜡烛芯"，绘制一黑色小矩形，用墨水瓶添加黑色粗糙的

边框，然后将这个矩形和边框一起转换成图形元件并调整其透明度，效果如图 2-79 所示。

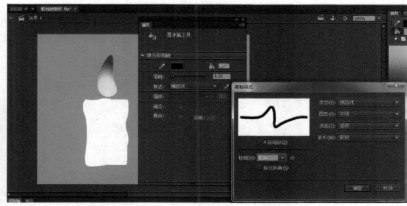

图 2-77 新建图层并命名　　　　　　　　　　　图 2-78 添加边框

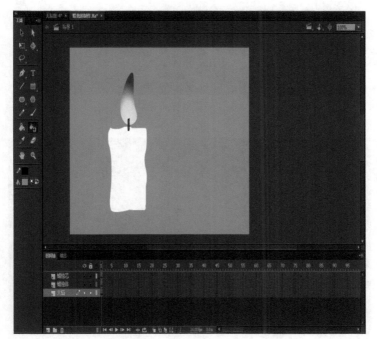

图 2-79 图形元件效果

⑨ 此时，我们发现蜡烛芯把蜡烛体挡住了，看上去不太真实，所以我们需要将蜡烛芯向下移一层。用鼠标按住图层进行拖曳就可以方便地改变图层之间的叠放顺序，如图 2-80 所示。

经验分享：

按 Ctrl+Enter 组合键看一下效果，如果觉得蜡烛火焰做的不理想的话，可重新编辑它，方法是直接双击蜡烛火焰或按 F11 键，在库里面双击"火焰"影片剪辑，如果还想对它进行美化，可以给它添加蜡烛油，如图 2-81 所示。

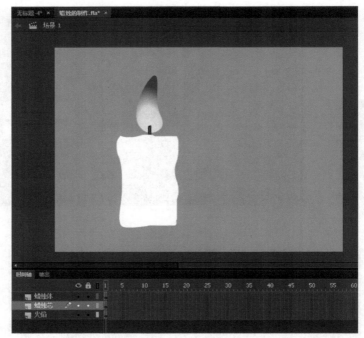

图 2-80　改变图层的叠放顺序

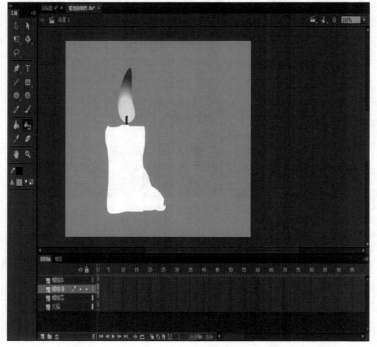

图 2-81　蜡烛火焰美化效果

最终效果如图 2-82 所示。

图 2-82　最终效果

2）打字光标效果

在做之前我们先分析一下：首先光标在界面上不停地闪动，它是一个细小线段出现和消失的不断循环，由此想到可以把它做成一个影片剪辑；其次，开始光标的不停闪动在等待着文字的出现，一旦文字出现，光标应该立即移到刚出现文字的前面（右侧），继续等待下一个文字的出现，当再有文字出现时，光标又立即移动到这个文字的前面，所以，任何时候光标总是出现在文字前面，由此我们想到用两个层来控制光标和文字。

（1）启动 Flash 软件，新建两图层，分别命名为文字和光标，如图 2-83 所示。

（2）打开"插入"菜单，执行"新建元件"命令，名称为"光标"，选择影片剪辑，用直线工具绘制一条垂直方向的黑色小线段作为光标，如图 2-84 所示。

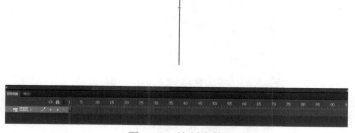

图 2-83　新建图层并命令

图 2-84　绘制小线段

（3）在第 3 帧的位置右击，选择"插入白色关键帧"选项，这样第 1 帧和第 2 帧都可以看光标，因为第 2 帧变成了普通帧，它延续了第 1 帧的时间，在第 4 帧处插入帧，就使得前两帧光标可见后两帧光标消失，如图 2-85 所示。

（4）回到场景，把光标从库中拖到场景中，如图 2-86 所示。按 Ctrl+Enter 组合键进行预览，会有个光标在画面上闪动。

图 2-85　在第 4 帧处插入帧

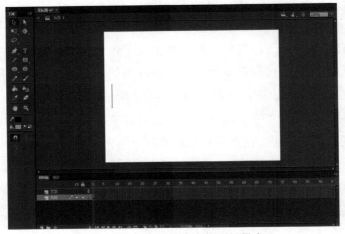

图 2-86　把光标从库中拖到场景中

（5）在光标层和文字层的第 5 帧分别插入关键帧，在文字层第 5 帧输入文字"信"，用箭头工具选中第 5 帧的光标，用方向键移动到文字前面，如图 2-87 所示。

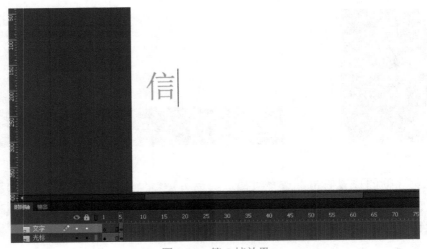

图 2-87　第 5 帧效果

（6）在光标层和文字层的第 10 帧分别插入关键帧，在文字层第 10 帧输入文字"管"，

用箭头工具选中第 10 帧的光标，用方向键移动到文字前面，如图 2-88 所示。

图 2-88　第 10 帧效果

（7）用同样的办法多输入几个文字，如图 2-89 所示，这样光标总在文字的前面闪动，按 Ctrl +Enter 组合键预览一下。

图 2-89　输入文字效果

最终效果如图 2-90 所示。

经验分享：

　　在"插入"下面的"新建元件"和"转换成元件"实质上一样，只是操作的先后顺序不同，最终结果是一样的，而且都放在库中，通过这个例子，相信你对影片剪辑有了更进一步的了解。

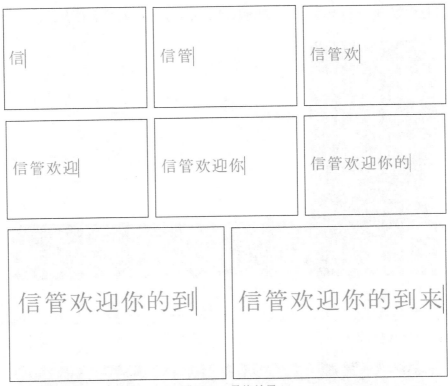

图 2-90　最终效果

练一练

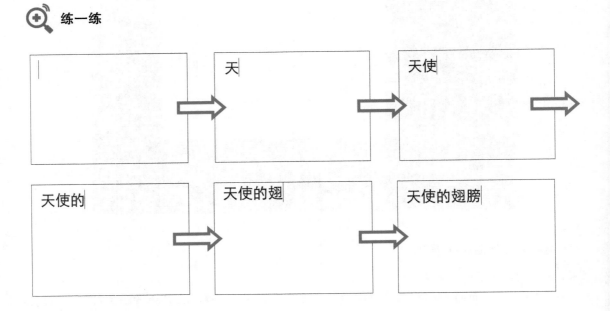

（四）活动实施

活动 - 工作单			
动画片名称	《文明宣传动画 - 地铁》	动画制作员姓名	填写姓名
镜头名称	sc-8 地铁列车开门	动画制作员编号	填写学号
镜头属性	720×576 像素 帧频 25/ 秒	动画制作项目小组	填写组号
镜头内容	站台：矩形站台。 左车门：左车门打开补间动画。 右车门：右车门打开补间动画。 停止的火车：没门的列车静帧、里车门 1 静帧、里车门 2 静帧、扶杆静帧。 开动的火车：列车元件做补间动画。		
特殊要求	1. 补间动画的列车停车。 2. 补间动画列车开门。		
镜头素材	右车门 - 车门右 - 图形元件 左车门 - 车门左 - 图形元件 开动的火车 - 列车 - 图形元件	停止的火车 - 车扶杆 - 图形元件 停止的火车 - 里车门 1- 图形元件 停止的火车 - 里车门 2- 图形元件 停止的火车 - 没门列车 - 图形元件		
镜头要点	上下层之间的排列关系		

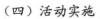

续表

活动 - 工作单		
完成情况		
组长	导演	

详细步骤如下。

（1）打开《文明宣传动画 - 地铁》SC-8 列车开门 .swf 项目文件，首先欣赏最终效果，如图 2-91 所示。

（2）打开《文明宣传动画 - 地铁》SC-8 列车开门 - 学生用 .fla 项目文件，如图 2-92 所示。

图 2-91　打开 SWF 项目文件

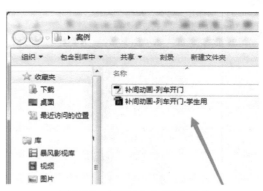

图 2-92　打开 Flash 项目文件

（3）开始制作动画，首先新创建几个图层分别排序与命名为"站台"、"左车门"、"右车门"、"停止的火车"、"开动的火车"，如图 2-93 所示。

图 2-93　创建图层并命令

（4）在"站台"图层用矩形工具 ■ 创建一个矩形来作为车站（不用太靠上，出舞台范围没有关系），并锁定层，如图 2-94 所示。

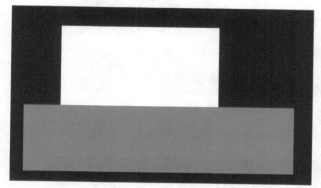

图 2-94　创建车站场景

（5）在"开动的火车"图层从库中拖入图形元件"列车"，调整其位置，让其与站台相接处（暂时不用可以将此图层隐藏），如图 2-95 所示。

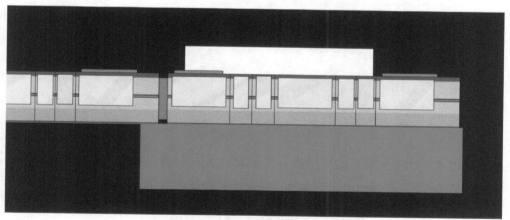

图 2-95　从库中拖入"列车"图形元件

（6）然后在"开动的火车"图层的第 80 帧处插入关键帧并将元件调至如图 2-96 所示的位置（元件调整位置时一定要水平调整，如果没法把握水平可以按着 Shift 键拖动元件即可）。

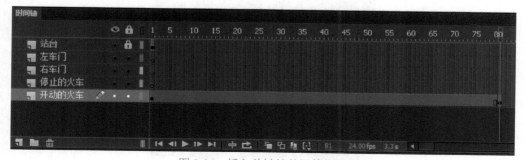

图 2-96　插入关键帧并调整位置

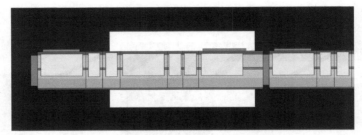

图 2-96　插入关键帧并调整位置（续）

（7）为"开动的火车"图层的第 1 至 80 帧之间创建传统补间，如图 2-97 所示。

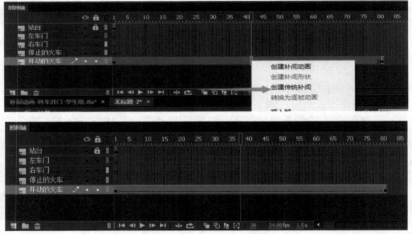

图 2-97　创建传统补间

（8）选中"开动的火车"图层的第 1 至 80 帧之间的任意一帧（不包括第 80 帧），这时调整属性栏里的"缓动"为 100，这样列车停车的效果就做好了，如图 2-98 所示。

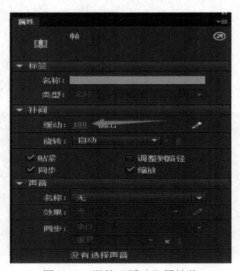

图 2-98　调整"缓动"属性值

（9）在"停止的火车"图层的第80帧处插入关键帧，将"没车门列车"、"里车门1"、"里车门2"、"扶杆"元件拖入场景并调整位置与"开动的火车"图层的列车重叠（一定要重叠在一起），如图2-99所示。

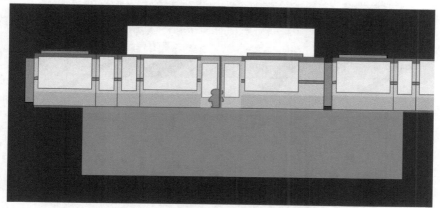

图2-99 将图形元件拖入场景并调整位置

（10）同样在第80帧处为"左车门"、"右车门"图层插入关键帧并分别拖入"车门左"与"车门右"元件；同样要与"开动的火车"层的车门严丝合缝重叠在一起，如图2-100所示。

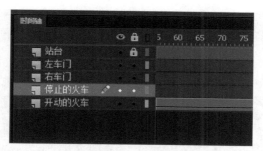

图2-100 插入关键帧并拖入图形元件

（11）为除了"开动的火车"图层外的所有图层在第110帧处插入帧，如图2-101所示。

（12）在"左车门"、"右车门"图层的第90帧处与第100帧处插入关键帧，如图2-102

所示。

图 2-101　插入帧

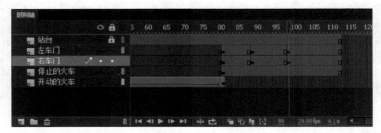

图 2-102　插入关键帧

（13）在"左车门"、"右车门"图层的第 100 帧处改动元件的位置，如图 2-103 所示。

图 2-103　改动元件的位置

（14）在"左车门"、"右车门"图层的第 90 帧处至第 100 帧处之间插入传统补间动画，如图 2-104 所示。

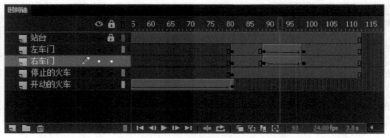

图 2-104　插入传统补间动画

（15）完成后执行"文件"→"保存"命令（制作过程中也要注意保存，防止软件崩溃）。

（16）按 Ctrl+Enter 组合键发布 SWF 文件。

最终效果如图 2-105 所示。

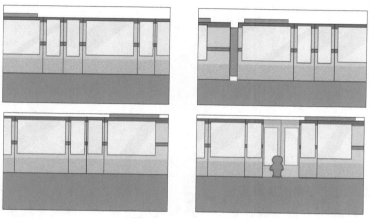

图 2-105　最终效果

（五）拓展训练

尝试完成制作复杂补间动画的拓展训练。

项目名称："虚拟空间"网页动画。

项目要求：利用变形提示点做出一个变形的形状补间动画。

项目尺寸：500×400px。

最终制作效果如图 2-106 所示。

图 2-106　"虚拟空间"网页动画效果

回答问题：

分析网页动画设计方案的步骤？

答：

参考答案：

分析网页动画设计方案的步骤？

答：阅读网页动画方案→设计定位→选择投放对象→选择设计规格、尺寸→创意文案→设计草稿→电子稿制作→测试。

任务验收

学生姓名：　　　　班级：　　　　学号：　　　　组号：

	人员	评价标准	所占分数比例	各项分数	总分
任务 1	小组互评 （组长填写）	1. 逻辑思维清晰（2） 2. 做事认真、细致（3） 3. 表达能力强（2） 4. 具备良好的工作习惯（3）	10%		
	自我评价 （学生填写）	1. 任务目标及需求（2） 2. 制作简单补间动画（4） 3. 制作复杂补间动画（4）	10%		
	专家评价 （专家填写）	完成任务并符合评价标准（60） 1. 了解任务目标及需求 2. 掌握制作复杂补间动画的方法 3. 检查、修改补间动画网页动画的方法 4. 逻辑思维清晰，做事认真、细致，表达能力强具备良好的工作习惯，具备团队合作能力	60%		
	进退步评价 （教师填写）	1. 完成任务有明显进步（15~20） 2. 完成任务有进步（10~15） 3. 完成任务一般（5~10） 4. 完成任务有退步（0~5）	20%		
	任务收获 （学生填写）				

任务2　设计引导层网页动画

一、任务描述

通过《网页动画制作》教材中《自然的力量》落叶 SC-02 镜头、《袋鼠与饲养员》 SC-29 镜头动画为载体，进行全方位实践，最终通过设计引导层网页动画的学习，达到制作引导层网页动画的能力并在实际工作中熟练应用，并锻炼学生举一反三的能力。

二、任务活动

活动 1 制作简单引导层动画。

活动 2 制作复杂引导层动画。

三、学习建议

1．需求分析：了解任务目标、需求，基本工作流程。

2．实训任务：完成制作简单引导层动画的任务。

备注：分组进行分析（4 人一组）。

四、评价标准

1．熟悉 Flash 的绘图环境，熟练使用工具箱的工具进行绘图；能够创建和编辑文本。

2．能够对 Flash 对象进行编辑。

3．能够运用引导层动画等表现手法进行制作。

4．能够进行输出和发布动画。

5．能够与上下级进行良好的沟通，并协调好工作。

五、任务实施

任务单

学生姓名：　　　　　班级：　　　　　学号：　　　　　组号：

单元任务	活动	活动内容	活动时间	活动成果
任务 2：设计引导层网页动画	1．制作简单引导层动画	1．了解网页动画设计师的岗位职责与企业标准 2．掌握利用文本、图片等素材，制作动画素材 3．掌握制作简单引导层动画的方法	2 课时	《自然的力量》-落叶 -SC-02
		设备需求： 1．设备要求：配备有多媒体设备的专业课教室 2．工具要求：铅笔、橡皮、笔、纸、Flash、Photoshop		
	2．制作复杂引导层动画	1．进一步了解网页动画设计师的岗位职责与企业标准 2．掌握制作复杂引导层动画的方法	4 课时	《袋鼠与饲养员》-SC-29
		设备需求： 1．设备要求：配备有多媒体设备的专业课教室 2．工具要求：铅笔、橡皮、笔、纸、Flash、Photoshop		

活动实施

活动 1　制作简单引导层动画

（一）活动描述

在教师的引领下，通过本教材完成制作简单引导层动画的内容，并学习制作简单引导层动画的方法。

（二）工作环境

活动环境要求：多媒体投影。

所需工具：铅笔、橡皮、笔、纸、Flash、Photoshop 等。

（三）相关知识

1．网页动画基本常识

1）网页的设计要素

网页动画应该重点把握的三要素是：目标受众、实时效果监控、广告设计。

首先，锁定目标受众，企业可以按照适宜的标准持续做好目标受众的需求调查和细分，如性别、年龄、文化程度、收入、职业、地域特点等，通过调查和细分，了解目标受众的需求和偏好，选择适合的网站做宣传，并为网上用户提供购买和试用的机会。

其次，广告设计营销人员应与技术人员共同完成广告设计，针对信息特点，综合运用营销技巧和技术手法；在提供丰富的信息资源的同时，形成强大的吸引力。

最后，要实时效果监控，利用访问统计软件或广告评估机构进行实时的技术和内容监测，根据结果分析、判断广告效果，把握今后的改进方向，利用网页动画的测评指标（点击数、页面印象、回应单击）显示监测结果。

2）网页的设计策略

网页动画的设计策划是整个运作过程中的重要一环节，他影响到整个网页动画的成功与否，影响到整个网页动画市场的社会效果与企业的计划生产，预先进行周密的广告设计策划，可以避免制作时的盲目性，使得后续的工作可以有条不紊地进行，其设计策划包含以下内容。

（1）明确网页动画的设计对象。首先在设计的运筹过程中，设计师要明确了解企业的意图与要求，要把握产品的特性与效用，使所使用的文字、色彩等视觉元素能够不脱离企业与产品内容的表达，另外，必须严格保证网页动画的真实性。

（2）确定网页动画受众的具体目标。作为网页动画工作者，除了运用传统的市场调查方式以外，我们还可以通过一些网站建立的完整用户数据库来掌握受众的年龄、性别、地域、爱好、收入、职业、婚姻状况等，根据这些可以有针对性地进行设计和投放广告。

（3）整理相关设计资料的收集。在明确了网页动画的设计对象之后，就要有针对性地进行相关的市场调查和资料整理，收集的资料可分为两大类，分为特定资料和一般资料。

（4）确定网页动画的针对性。网页动画的针对性是保证企业产品网页动画效益的重要环节，根据前期的资料收集，通过仔细的研究对比受众、企业和产品以及竞争对手，进行有针对性的确立设计目标，综合确定最终的诉求点，具体是针对受众的需要，还是针对产品品牌特点，或是专门针对竞争对手等，此时在脑海中要有一个明确的设计思路，如以下所提：

① 标题展露最吸引人之处，力争开头抓住人们的注意力；正文句子尽量要简短、直截了当，避免完整长句；采用目标受众熟悉的语言。

② 适当采用动画图片、声音，不要忽视文字的作用。

③ 广告词创意一定要能够"勾住"浏览者的眼光，能够唤起浏览者点击的欲望，另外图形的整体设计、色彩和图形的动态设计不能喧宾夺主。

④ 页面要简短，一个页面最长不要超过三屏较好。

⑤ 网站的主页是广告的最好位置。企业应该力争把广告放在网站的主页，否则可能会只有较少的读者看到，广告的点击率会大大降低。

⑥ 经常更换广告的图片。因为一般来说，一个广告放置一段时间以后，即使是最好的广告早晚也会失去对上网者的吸引力，点击率开始下降，而当更换图片以后，点击率又会增加。

⑦ 确定网页动画的发布方案。网页动画的主要目的是进行市场的销售或者品牌推广，争取更多的用户进行点击和注册，另外，所选择的发布站点必须有较高的流量，尽量选择口碑好或服务器可靠的网站。

⑧ 不要直接做销售，只需尽量使那些感兴趣的受众给你回复。

⑨ 在书写 E-mail 广告时，不要忘记在网址（如 www.xxgl.com.cn）前面加上"http://"，这样，收件人可以直接单击邮件中的网址，说不定一次很好的商业机会由此而产生了，为用户着想，尽可能提供方便。

⑩ 在各搜索引擎登记。目前数十家国内外的中文搜索引擎和分类导航站均允许企业在网上进行免费登记，如著名的 baidu、sohu 等，大大提高了这些网站的受欢迎程度和访问量。

⑪ 积极利用互换链接的机会。企业为了提高网站的曝光度，可与其他企业进行互换链接，需要注意的是，要确保对方站点的访问者会对你的站点内容感兴趣，并尽量选择那些访问人数比你的站点多的网址作为链接互换对象。

⑫ 避免重复消息。在 E-mail 论坛、新闻讨论组、电子公告板中做广告时，不要在同一 E-mail 论坛、新闻讨论组、电子公告板的主题下重复消息，以免得到相反的结果。

3）设计网页动画的原则

现在乃至将来都是一个过剩的消费时代，此时的消费者便不单单满足于生活需要，而会寻求更高层次的感性满足和精神需求。人的情感是最丰富的，也是最容易激发的，通过挖掘或附加商品情感，来激发人们心中相同的情感，使人们对商品产生好感，从而导致购买行为，这才是产生网页动画的原因，所以想设计好网页动画，首先要有吸引力。

网络感性诉求广告有这样几种创意方法：

（1）情趣效应——情节的吸引力。网页动画可以制作成动画，为了更好地吸引网友的注意力和好奇心，获得认同感，可以像影视广告一样，表现一定的情节，具有情节的广告与众不同，达到更好的广告效果。

（2）感知效应——品质的冲击力。网页动画所显示的商品经常具有独特的品质或功能，让消费者真正感知到这一点，是网页动画设计最有效的手段和目的，但一般而言，网页动画由于其文件和幅面大小的限制，其表现方式有很大局限性，但如果找到合适的表现方法，则能取得事半功倍的效果。

（3）情感效应——氛围的感染力。网页动画应该设法提高自己的情感效应，善于认识、发挥甚至赋予商品所适合的情感，营造出使网友产生共鸣的氛围，使广告被接受，比如富有情感的广告更易激发人点击的欲望，设计师可以通过色彩、图像、构图、文字等手段营造出一种氛围，它使观看广告的人产生了一种情绪，正是这种情绪使人们接受并点击广告，从而接受了广告所推出的服务或产品。

（4）记忆效应——品牌的亲和力。网页动画能吸引潜在购买者的兴趣，以便向他们提供更详尽的产品介绍材料，广告可以在推销这个产品时将产品背后的公司一起推销出去，即利用树立公司的威信来让消费者对产品也产生信心，这是行销战略的一小部分，但广告无法真正卖掉这个产品。

（5）理解效应——事实的说服力。对于横幅广告来说，应注意的是选材的精炼，运用理解效应的基本原理就是帮助消费者找出他们购买商品的动机，并将产品与此动机直接联系起来，有时消费者并不清楚该产品会给他们带来什么好处，我们可以强调商品某方面功能的重要性。

另外，从心理学效果看，广告在不同媒体上信息传达的统一性战略，就是为了建立这种熟悉感，知道的事物比陌生的事物更能博得人们的信任，这正是强调品牌的原因之一。

利用对企业形象的突出性和强调性，能够唤起人们对已经认可事物的再度认可，也是提高广告效果的一种方法。但是，由于各种媒介之间的差异性，在传达同一信息时又必然有各自得特色。在网页动画中，对于品牌的过分宣传会降低网友的好奇心，从而影响点击率。这其中的利弊得失，需要广告商去权衡。

（6）机会效应——利益的诱惑力。利用机会效应，提高广告的机会价值，是提高广告点击率行之有效的方法。

机会效应是指在网页动画中告诉网友，点击这则广告可以获得除产品信息以外的其他好处，而不点就会失去。因为点击网页动画需要网友付出时间和经济上的代价，所以给他们一种付出会有收获，而不付出就会有所丧失的感觉十分重要，通常表现为"奖"、"礼"，或者"免费"等。

（7）社会效应——文化的影响力。中国是一个历史悠久的国家，几千年的古老文化传统，塑造了中国人独一无二的价值观和审美观。

家庭文化，中国人对于家庭的观念是比较强的。西方人比较注重个人的满足，而中国人更注重天伦之乐。在家庭关系上，父母不仅仅是生育了子女，而且几乎把自己的全部心血都倾注到子女身上。这种父母与孩子的骨肉之情很容易使人们在感情上产生共鸣。因此，广告越来越多地把父母与孩子之间的情感运用于其中。

（8）行为效应——点击的召唤力。根据康斯托克的心理模式，对一个行为的特定描述可能导致人们学习那个行为，对个人来说，这种描述越是显著（即这一行为在个人所看到的全部广告中越突出），就越具有激发力。所以，网页动画可以通过对特定行为的描述来引导别人点击，以增加网络的点击量。

感悟：我们应该将传统的设计原则、广告的经验与网络特色结合在一起，发展新的广告创意，让网页动画这支后起之秀早日焕发出它应有的光彩。

2．Flash 软件操作技能

引导线：到此为止，所做的都还只是元件沿着直线进行移动，但在实际应用中经常能看到物体沿着曲线进行移动，下面的就要学习如何令元件进行非直线运动，元件的移动路径就被称为引导线。

1）引导基础知识

（1）启动 Flash 软件，绘制一个不要电线的八角星形，将它转换成图形元件，如图 2-107 所示。

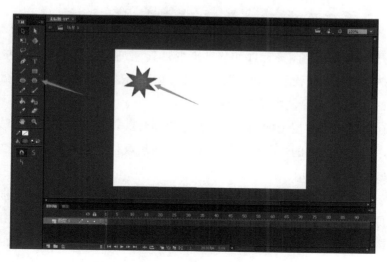

图 2-107　绘制星形并转换为图形元件

  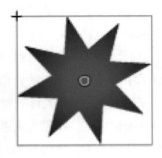

图 2-107　绘制星形并转换为图形元件（续）

（2）在第 30 帧处插入关键帧，将图形元件移动到右边并创建动画，如图 2-108 所示。

图 2-108　创建动画效果

（3）这就是最初学习的图形元件和移动渐变，其预览效果是这个圆从左边直线移动到了右边。下面来制作引导线让这个圆从左边曲线移动到右边。在图层上单击鼠标右键，选择"添加传统运动引导层"命令，如图 2-109 所示。

（4）接着在新建的引导层上面用铅笔工具绘制引导线，并调整"图层 1"上关键帧中八角星形的位置，让图形元件的中心点分别和引导线的起点和终点对齐，如图 2-110 所示。

最终效果如图 2-111 所示。

现在预览一下，发现此时星形已经不在沿直线运动，而是沿着绘制的曲线在运动。明白了引导线的原理，现在就来制作一片树叶飘落的效果。启动 Flash 软件，用钢笔工具在场景里绘制一片树叶并将它转换成图形元件，如图 2-112 所示。

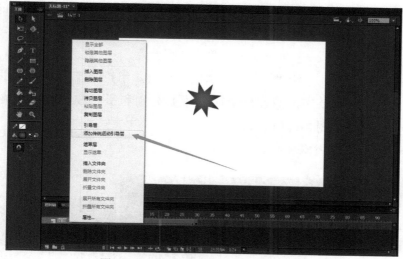

图 2-109 "添加传统运动引导层"命令

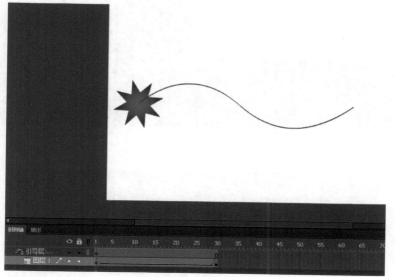

图 2-110　绘制引导线

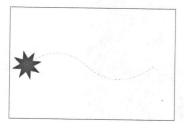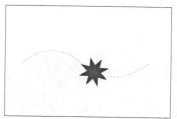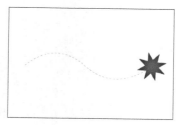

图 2-111　最终效果

图 2-112　绘制树叶效果

在第 40 帧处插入关键帧，将树叶放到落地时的位置，创建动画并使其在下落时顺时针旋转一次，如图 2-113 所示，在"属性面板→补间→旋转"里面进行设置。

给"图层 1"添加引导层，用铅笔工具绘制出引导线并让树叶在起点和终点时的中心分别和引导线的起点和终点对齐，如图 2-114 所示。

预览一下，一片树叶就飘落下来了。

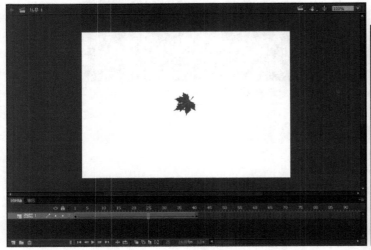

图 2-113　设置树叶下落动画

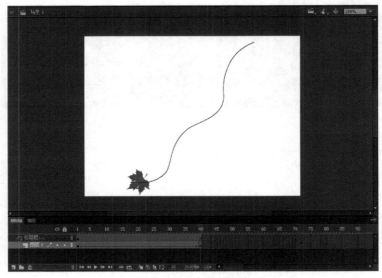

图 2-114　绘制引导线

练一练

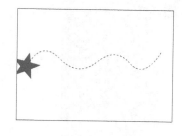 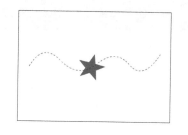 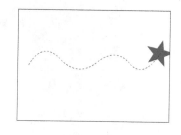

2）飞机原地旋转

通过上面的学习，知道了图形元件可以沿着引导线从一端运动到另一端。如果需要图形元件（如飞机）做环形运动，那用什么做引导线呢，想到了椭圆工具。

（1）启动 Flash 软件，绘制一个如图 2-115 所示的图形并转换成图形元件，在 25 帧处插入关键帧，然后创建动画，如图 2-115 所示。

图 2-115　绘制图形元件并创建动画

（2）给"图层 1"添加引导层，在引导层上绘制椭圆，如图 2-116 所示。

但是椭圆是封闭图形，并没有起点和终点，只能用橡皮擦将椭圆擦出一个缺口，让"图层 1"两个关键帧上图形元件的中心分别和椭圆的两头对齐，如图 2-117 所示。

（3）预览一下，看到飞机已经围绕椭圆在运动了，只是飞机头的方向好像没有改变，不要紧，用鼠标单击一下"图层 1"上第 1 到 25 帧之间任何一帧，在属性栏选择"调整到路径"

复选框即可，如图 2-118 所示。此时，再预览一下看看。

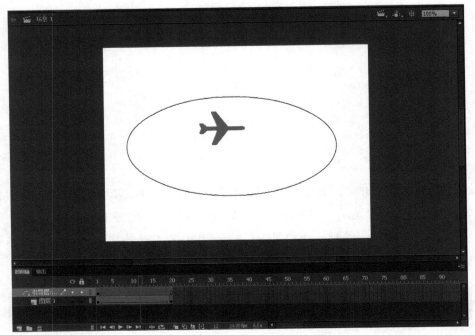

图 2-116　在引导层上绘制椭圆

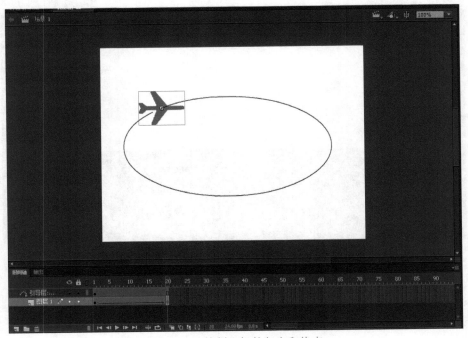

图 2-117　绘制飞机的起点和终点

最终效果如图 2-119 所示。

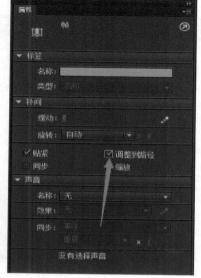

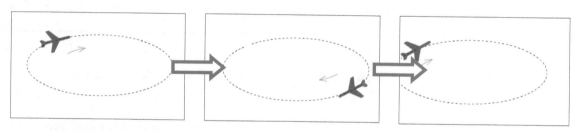

图 2-118　调整路径

图 2-119　最终效果

（四）活动实施

活动 - 工作单			
动画片名称	《自然的力量》	动画制作员姓名	填写姓名
镜头名称	SC-02	动画制作员编号	填写学号
镜头属性	720×576 像素　帧频 25/ 秒	动画制作项目小组	填写组号
镜头内容	引导层：引导线。 树叶层：落叶。 背景层：背景。		
特殊要求	1. 引导层动画的落叶。		

活动 - 工作单	
镜头素材	1. 树叶 -SC-02- 落叶 - 图形元件 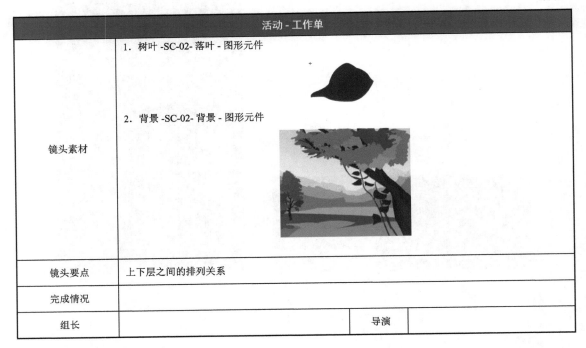 2. 背景 -SC-02- 背景 - 图形元件
镜头要点	上下层之间的排列关系
完成情况	
组长	导演

详细步骤如下。

（1）打开引导层动画 - 落叶 .swf 项目文件，首先欣赏最终效果，如图 2-120 所示。

（2）打开引导层动画 - 落叶 - 学生用 .fla 项目文件，如图 2-121 所示。

图 2-120　打开 SWF 项目文件

图 2-121　打开 Flash 项目文件

（3）首先创建 3 个图层，分别命名为"引导层"、"树叶"、"背景"，如图 2-122 所示。

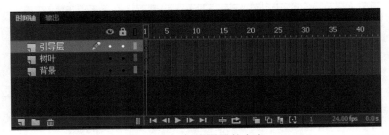

图 2-122　创建图层并命名

（4）将"背景"从库中拖入背景层的舞台并放到合适位置，如图 2-123 所示。

（5）将"落叶"从库中拖入树叶层的舞台并放在背景层藤蔓上，如图 2-124 所示。

图 2-123　将"背景"拖入背景层的舞台

图 2-124　将"落叶"拖入树叶层的舞台

（6）用铅笔工具在引导线层绘制引导线（一定要一笔成形），如图 2-125 所示。

（7）右击引导层，在弹出的快捷菜单中选择"引导层"选项，如图 2-126 所示。

（8）将树叶层拖到引导层下成为引导层的附属层，如图 2-127 所示。

图 2-125　绘制引导线

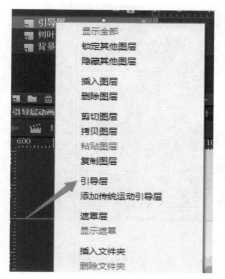

图 2-126　引导层

（9）将树叶的中心点对齐到引导线上，如图 2-128 所示。

图 2-127　将树叶层拖到引导层下

图 2-128　将树叶的中心点对齐到引导线上

（10）在第 70 帧处为引导层与背景层插入帧，为树叶层插入关键帧，如图 2-129 所示。

图 2-129　插入帧

（11）在树叶层第 70 帧处把树叶调至引导线最左端，如图 2-130 所示。

图 2-130　调整树叶的位置

（12）为树叶层的第 1 帧至 70 帧之间创建传统补间，如图 2-131 所示。

（13）选中树叶层的第 1 帧至 70 帧之间任意一帧（除了第 70 帧），在属性栏中将"调

整到路径"选项选中，如图 2-132 所示。

图 2-131　创建传统补间

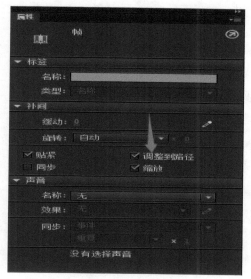
图 2-132　选中"调整到路径"复选框

（14）完成后执行"文件"→"保存"命令（制作过程中也要注意保存，防止软件崩溃）。

（15）按 Ctrl+Enter 组合键发布 SWF 文件。

最终效果如图 2-133 所示。

图 2-133　最终效果

图 2-133　最终效果（续）

（五）拓展训练

尝试完成制作简单引导层动画的拓展训练。

项目名称：狮子标志网页动画。

项目要求：利用引导层动画形式制作出该动画效果。

项目尺寸：宽为 300px，高为 250px，帧频为 24fps，背景颜色为灰色（#CCCCCC）。

最终制作效果如图 2-134 所示。

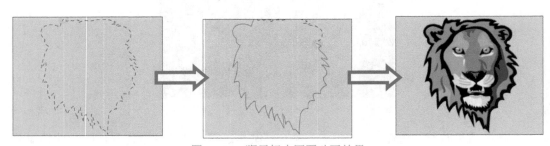

图 2-134　狮子标志网页动画效果

回答问题：

设计网页动画的原则有哪些？

答：

参考答案：

设计网页动画的原则有哪些？

答：

① 感知效应——品质的冲击力

② 情趣效应——情节的吸引力

③ 情感效应——氛围的感染力

④ 理解效应——事实的说服力

⑤ 记忆效应——品牌的亲和力

⑥ 机会效应——利益的诱惑力

⑦ 社会效应——文化的影响力

⑧ 行为效应——点击的召唤力

活动 2　　制作复杂引导层动画

（一）活动描述

在教师的引领下，通过本教材完成制作复杂引导层动画的内容，并学习制作复杂引导层动画的方法。

（二）工作环境

活动环境要求：多媒体投影。

所需工具：铅笔、橡皮、笔、纸、Flash、Photoshop 等。

（三）相关知识

1. 网页动画基本常识

网页动画的设计与技巧：

（1）在网页上方做广告的效果比下方好。

（2）让广告与网站最主要的内容相伴。

（3）经常更新，保持新鲜感。

（4）直接链接到目标页面。

（5）适当采用动画图片、声音，不要忽视文字的作用。

（6）网上、网下相互呼应，共同努力。

（7）动画 Banner 比静态或单调的 Banner 更具优势。统计表明，动画图片的吸引力比静止画面高 3 倍，但是如果动画图片应用不当则会引起相反的效果，如太过花哨或文件过大影响了下载速度。一般来说，长 8×60 像素横条的大小应该保持在 10KB 以下，最大也不能超过 13KB。

（8）抓住读者的注意力，否则网上漫游者很快就会进入其他链接。

（9）色彩搭配要有视觉冲击力，最好使用黄色、橙色、蓝色和绿色。

（10）横条广告中最值得使用的词是"免费"。

（11）横条应使用如下主题：担心、好奇、幽默以及郑重承诺，广告中使用的文字必须能够引起访客的好奇和兴趣。

（12）选择最合适你的网站。如果你是小公司或者是本地区域性的公司，那么广告对象将至关重要。那些对你的产品和服务最有可能感兴趣的客户才是主要的，因此，你应该挑选能够接触到这些客户的网站。

（13）我们单击 Banner 广告，更主要的原因可能是为了获得某种产品，而不是某家公司的信息。

（14）不要忘记在 Banner 广告中加上"elicit"域"按此"的字样，否则访问者会以为是一幅装饰图片。

（15）如果你已经有了一个很好的横条广告，也要经常更换图片，因为即使是最好的横条，早晚也会失去效力。一般来说，一个广告放置一段时间以后，点击率开始下降，而当更换图片以后，点击率又会增加。

（16）广告要放在浏览器的第一屏，否则可能只有 40% 的访问者才能看到。

（17）要获得更多的点击，就得提供读者感兴趣的利益。读者之所以要点击你的标志广告，主要出于以下考虑：

① 若点击，他能获得有价值的东西。

② 若不点击，他会失去获得某种特殊产品或服务的机会。

提示

制作网页动画时，不仅要将网页动画制作得精美，而且还要考虑网络的传输速度问题，不要在页面上放太多、太大的图片，因为图片占空间较大，传输起来也较慢，而一般的上网者对于网页动画显示超过一定时间限度的站点，多因为缺乏耐心而放弃查看，这样使企业的网页动画信息被查看到的概率就大大降低。

2．Flash 软件操作技能

用笔写字效果

这个例子告诉引导线不一定是铅笔画出来的，只要是线条都可以。有了这个例子做基础，下面来做一个用笔绘制一个字的轮廓效果。

（1）启动 Flash 软件，在"图层 1"用文本工具写一个"人"，如图 2-135 所示。

（2）接下来来获取"人"字的边缘。选中"人"，执行"修改"菜单下的"分离"命令，将"人"字打散，此时"人"字处于选中状态，如图 2-136 所示。

（3）用箭头工具单击"人"字以外的地方以取消选中状态，如图 2-137 所示。

图 2-135 用文本工具写一个"人"

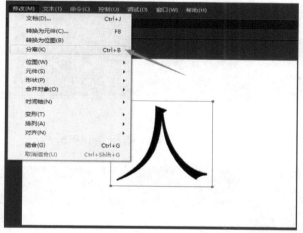

图 2-136 将"人"字打散

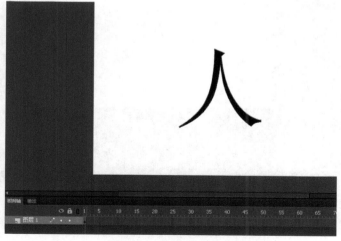

图 2-137 取消选中状态

（4）将"人"字打散后它已经不再是文本而是变成了形状，此时就可以用墨水瓶工具给它添加边框了。选择墨水瓶工具，在属性栏设置好属性后单击一下"人"字，看到已经给"人"添加上了一个边框，如图 2-138 所示。

（5）用箭头工具选中"人"将它删除，这样就获得了"人"的轮廓，如图 2-139 所示。

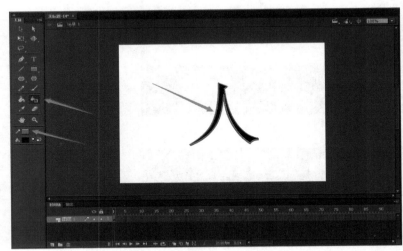

图 2-138　给"人"添加边框　　　　　　　　　图 2-139　"人"的轮廓

（6）用橡皮擦工具将"人"擦出一个缺口，如图 2-140 所示。

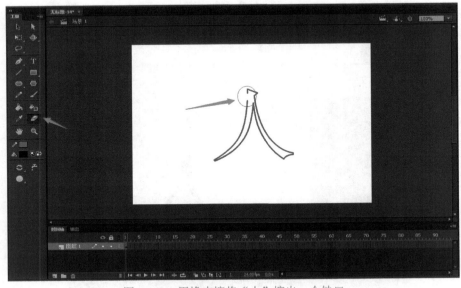

图 2-140　用橡皮擦将"人"擦出一个缺口

（7）在从第 2 帧到第 20 帧之间的每一帧都插入关键帧（按 F6 键可以快速插入），如图 2-141 所示。

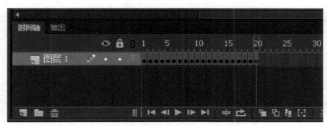

图 2-141　插入关键帧

（8）新建一图层命名为"画笔"，用工具箱中的工具在第一帧绘制一笔状物作为画笔并转换成图形元件，如图 2-142 所示。

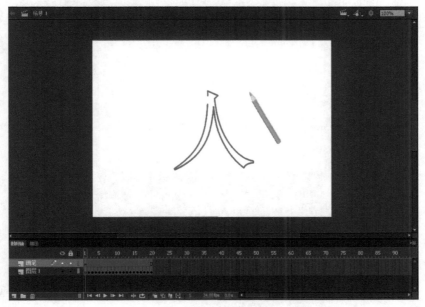

图 2-142　绘制画笔

（9）单击一下"编辑元件"按钮可以进行选择要编辑的元件，现在这里只有画笔这个元件，对它进行编辑，把画笔的笔尖对着该元件的中心点，如图 2-143 所示。回到场景，在第 20 帧处插入关键帧。

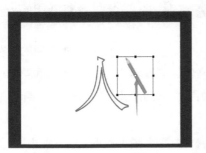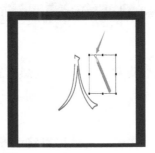

图 2-143　编辑元件

图 2-144　创建动画

（10）创建动画，如图 2-144 所示。

（11）要围绕"人"字描一圈，这时想到给画笔添加一个引导层，让"人"的轮廓这个引导线去引导它。添加引导层，鼠标放在"图层 1"的第 1 帧右击，在弹出的菜单中选择"复制帧"选项，然后在引导层的第 1 帧右击，在弹出的快捷菜单中选择"粘贴帧"选项，如图 2-145 所示。

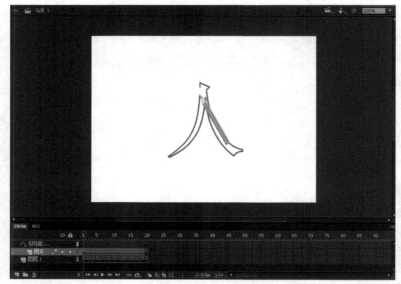

图 2-145　复制粘贴帧

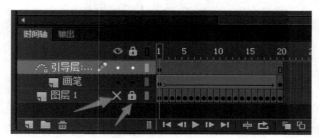

图 2-146　图层的隐藏\显示

（12）这时"引导层"第 1 帧的"人"和"图层 1"第 1 帧的"人"就完全重叠在一起，为了在操作时不会让"图层 1"受到影响，把"图层 1"隐藏并锁住，如图 2-146 所示，用鼠标单击图中的标志处即可实现图层的隐藏\显示、锁\开。

（13）此时看到的"人"就是引导线，因为"图层 1"已经隐藏了。现在调整画笔的位置让它在画笔层的第 1 帧和第 20 帧的中心点（笔尖），分别和引导线"人"的两端点对齐，如图 2-147 所示。预览一下，看画笔能否围绕"人"描一圈。

（14）引导效果做好后就可以将引导层锁住并隐藏，此时将"图层 1"的锁打开并让它显示，如图 2-148 所示。

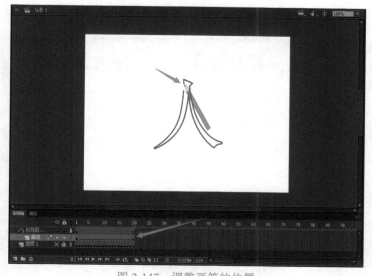

图 2-147　调整画笔的位置

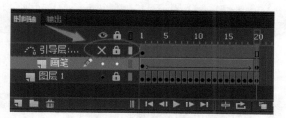

图 2-148　图层的隐藏 / 显示、锁 / 开

（15）鼠标放在"图层 1"的第 1 帧，由于笔刚开始写时画面上还没有内容，因此用橡皮擦将"人"全部擦除，如图 2-149 所示。

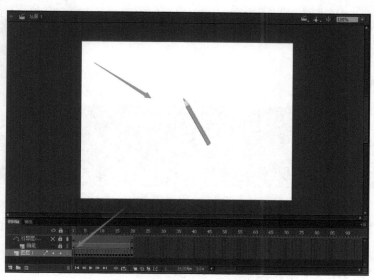

图 2-149　笔刚开始写时画面

（16）然后鼠标放到"图层 1"的第 2 帧，将画笔后面部分擦处，如图 2-150 所示。

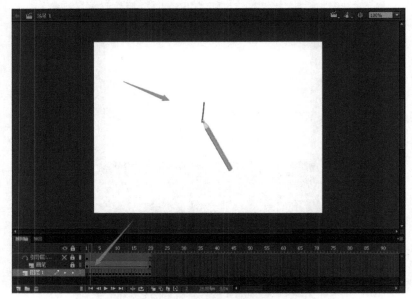

图 2-150　第 2 帧画面

（17）将鼠标放在第 3 帧，继续擦除，如图 2-151 所示。

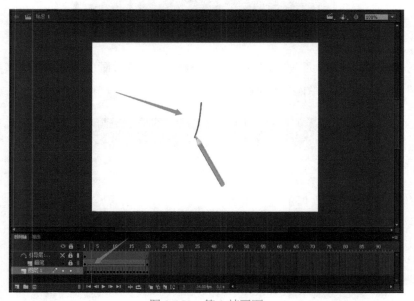

图 2-151　第 3 帧画面

（18）按照同样的方法，对剩下的每一帧分别进行操作直到最后一帧，如图 2-152 所示。
做好了，预览一下看看。

最终效果如图 2-153 所示。

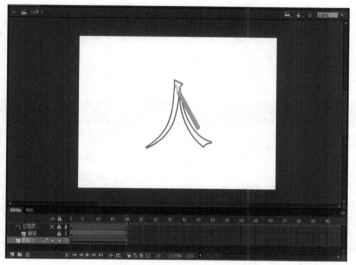

图 2-152　笔结束写时画面

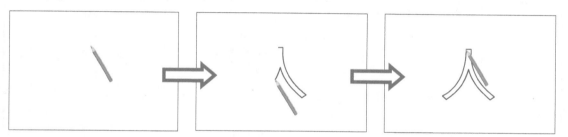

图 2-153　最终效果

🕸 经验分享:

来分析一下这个过程。一共有三个层,画笔层是让画笔运动,引导层是让引导线去引导画笔如何去运动,这两层最终产生的效果是让画笔能够围绕"人"描一圈。再来看"图层1",它上面的 25 帧全部都是关键帧,也就是说这 25 帧上面共有 25 个"人",除最后一帧外的每一帧都用橡皮擦擦过,总是让每一帧未擦除的部分和画笔的运动保持同步,这样画笔走到哪里,哪里就有线条出现,给视觉上的效果就是感觉线条是用笔画出来的,其实,只不过是画笔和线条保持了同步而已。因此说,动画是欺骗人视觉效果的一种把戏。另外,将"图层1"的第 1 帧的"人"擦出一个缺口的原因有两个:一是为了引导层,因为引导线"人"是从这里复制过去的;二是为了后来擦除的方便,因为后来的 24 帧插入的都是关键帧,如果没有这个缺口,那么在以后擦除每个"人"时就不能保证每帧写出"人"部分的起点是对齐的,这是一个小技巧。思考一下,在这种情况下怎样使得"人"在写完之后看不见缺口?

说明:引导线可以是铅笔或钢笔绘制,也可以是圆形或矩形工具绘制的线条。

① 引导线是不可见的。

② 在添加引导层时先把被引导的层上的动画做好。

③ 被引导的对象只能是元件（图形元件、按钮元件、影片剪辑元件）。

④ 引导线引导的是元件的中心，这就是为什么要编辑画笔，否则就变成笔杆在写字了。

⑤ 引导效果一旦做好就把它锁住以防遭到破坏。

（四）活动实施

活动 - 工作单			
动画片名称	《袋鼠与饲养员》	动画制作员姓名	填写姓名
镜头名称	SC-29	动画制作员编号	填写学号
镜头属性	720×576 像素 帧频 25/ 秒	动画制作项目小组	填写组号
镜头内容	情　节：饲养员看见袋鼠又从笼中跑出来之后，给笼子加固、加高的画面。 前景层：鸟从画面左侧向右侧飞过的引导层动画。 镜头层：饲养员敲击笼子的逐帧动画。 背景层：SC-29 的场景画面（笼子、云、蓝天）		
特殊要求	1．引导层动画的小鸟。 2．逐帧动画饲养员加固笼子		
镜头素材	1．镜头 -SC-29- 饲养员敲击动作 - 图形元件 2．前景 -SC-29- 飞鸟引导层动画 - 图形元件 3．背景 -SC-29 - 图形元件 		
镜头要点	前景层内容：前景 -SC-29- 飞鸟引导层动画。 镜头层内容：镜头 -SC-29- 饲养员敲击动作 - 图形元件。 背景层内容：背景 -SC-29 - 图形元件。 上下层之间的排列关系		
完成情况			
组长		导演	

详细步骤如下。

（1）打开引导层《袋鼠与饲养员》-SC-29- 样例 .swf 项目文件，首先欣赏最终效果样例。

（2）选取引导层《袋鼠与饲养员》-SC-29- 学生用 .fla 项目文件，并双击打开。

（3）在屏幕空白处右击，选取标尺（R）功能，如图 2-154 所示。

（4）拖曳辅助线，适合画布大小，如图 2-155 所示。

图 2-154　选取标尺功能

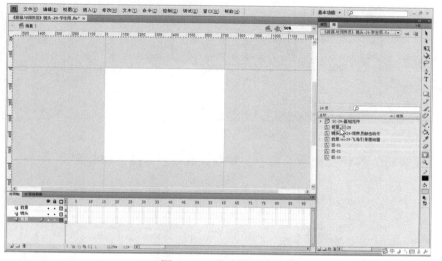

图 2-155　拖曳辅助线

（5）单击背景层第 1 帧，选中背景，如图 2-156 所示。

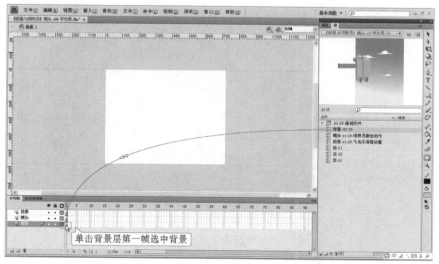

图 2-156　选中背景

（6）选中库中的背景 -SC-29，如图 2-157 所示。

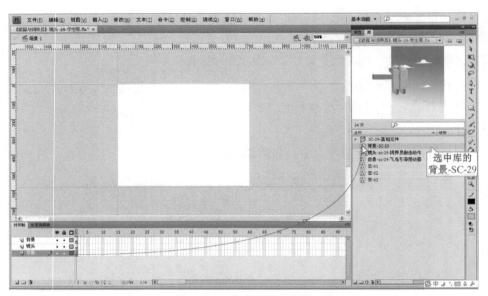

图 2-157　选中库中的背景

（7）将背景 -SC-29 拖曳至背景层中，并摆放适中，如图 2-158 所示。

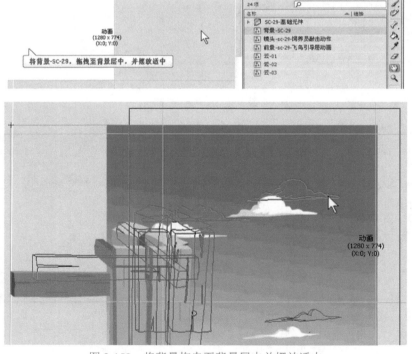

图 2-158　将背景拖曳至背景层中并摆放适中

（8）选择时间轴的镜头层，如图 2-159 所示。

（9）选择镜头 -SC-29- 饲养员敲击动作，如图 2-160 所示。

图 2-159　选择时间轴的镜头层

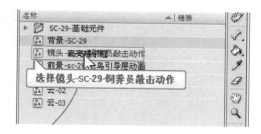

图 2-160　选择镜头

（10）将库中的镜头 -SC-29- 饲养员敲击动作，拖曳入舞台中的镜头层，如图 2-161 所示。

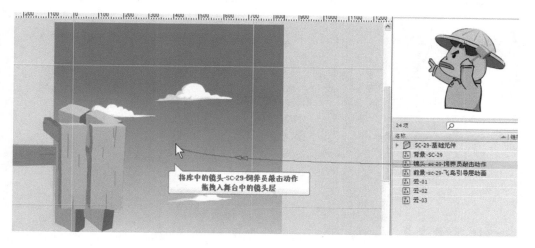

图 2-161　将库中的镜头拖曳入舞台中的镜头层

（11）调整镜头 -SC-29- 饲养员敲击动作至适合位置，如图 2-162 所示。

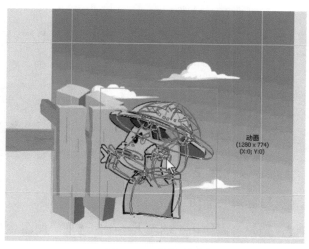

图 2-162　调整镜头

（12）选择时间轴前景层的第 1 帧，如图 2-163 所示。

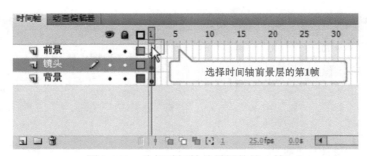

图 2-163　选择时间轴前景层的第 1 帧

（13）选择库中的前景 -SC-29- 飞鸟引导层动画，拖曳入前景适当位置，如图 2-164 所示。

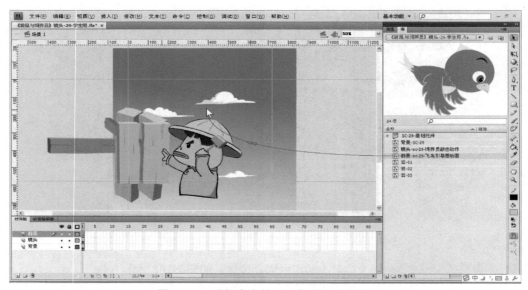

图 2-164　选择库中的"飞鸟引导层动画"

（14）在舞台中双击（前景 -SC-29- 飞鸟引导层动画 - 图形元件）进入该图形元件里，如图 2-165 所示。

图 2-165　在舞台中双击进入图形元件中

（15）选择时间轴中飞鸟图层，如图 2-166 所示。

（16）单击鼠标右键，选择"添加传统运动引导层"选项，如图 2-167 所示。

（17）单击引导层第 1 帧，如图 2-168 所示。

图 2-166　选择时间轴中飞鸟图层

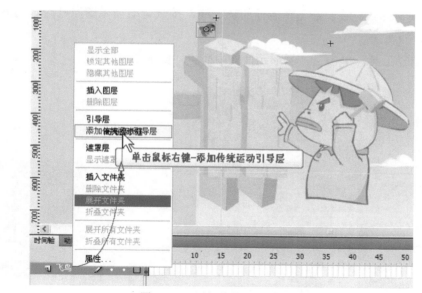

图 2-167　添加传统运动引导层

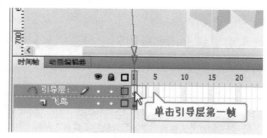

图 2-168　单击引导层第 1 帧

（18）选择铅笔工具，如图 2-169 所示。

（19）选择铅笔模式→平滑，如图 2-170 所示。

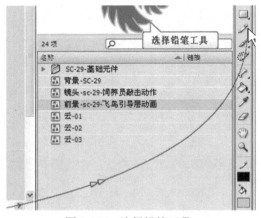

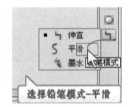

图 2-169　选择铅笔工具　　　　　　　　　　　图 2-170　选择铅笔模式

（20）在引导层上手绘一条飞鸟运行的轨迹线，按照运动规律的原则应该为波浪形，如图 2-171 所示。

（21）用选择工具，单击飞鸟图形元件的中心点，如图 2-172 所示。

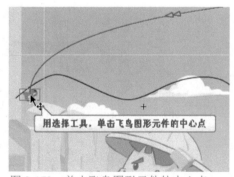

图 2-171　绘制一条轨迹线　　　　　　　　　图 2-172　单击飞鸟图形元件的中心点

（22）拖动该元件吸附至引导线上，如吸附不上检查"紧贴至对象"工具是否打开，如图 2-173 所示。

图 2-173　拖动元件吸附至引导线上

（23）在引导层的第75帧处，选择"插入帧"选项，如图2-174所示。

（24）在飞鸟层的第75帧处右击，选择"插入关键帧"选项，如图2-175所示。

图 2-174　插入帧

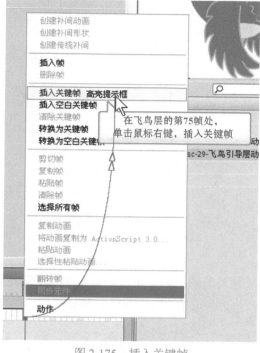

图 2-175　插入关键帧

（25）将飞鸟图层中的第75帧的飞鸟图形元件移动至引导层路径的末端，如图2-176所示。

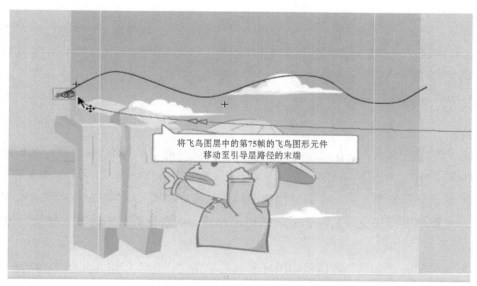

图 2-176　移动飞鸟图形元件

（26）选择飞鸟图形元件的中心点，吸附到路径的上面，如图 2-177 所示。

（27）在飞鸟层两个关键帧中间部分右击，选择"创建传统补间"选项，如图 2-178 所示。

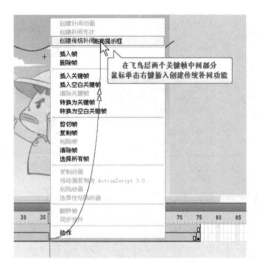

图 2-177　选择飞鸟图形元件的中心点　　　　图 2-178　创建传统补间

（28）滑动时间轴看一看引导层动画是否制作成功，如图 2-179 所示。

（29）退出飞鸟 - 引导层图形元件，在场景中选择所有图层的第 75 帧，如图 2-180 所示。

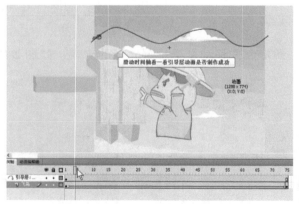

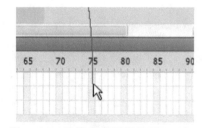

图 2-179　查看动画效果　　　　图 2-180　选择所有图层的第 75 帧

（30）在场景中选择前景、镜头、背景的第 75 帧，单击鼠标右键，选择"插入帧"选项如图 2-181 所示。

（31）单击镜头层第 1 帧，在属性面板中标签名称，填写"SC-29"，如图 2-182 所示。

（32）选取所有库中文件，单击鼠标右键，在弹出的快捷菜单中选择"移至"选项，如图 2-183 所示。

（33）在弹出的"移至"对话框中改好名称后单击"确定"按钮，如图 2-184 所示。

（34）按 Ctrl+Enter 组合键预览该镜头，如图 2-185 所示。

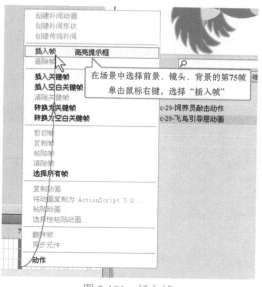

图 2-181 插入帧

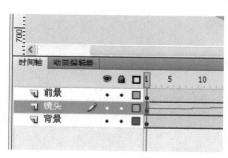

图 2-182 单击镜头层第 1 帧并填写标签名称

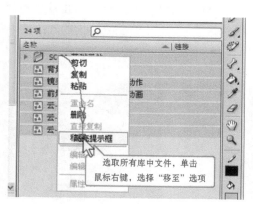

图 2-183 选择"移至"选项

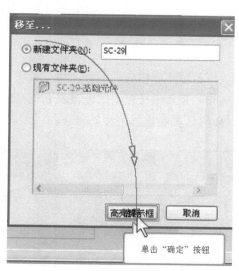

图 2-184 "移至"对话框

（35）选择"文件"→"另存为"命令，如图 2-186 所示。

图 2-185　预览效果

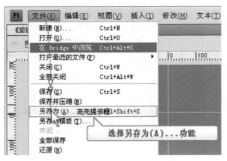

图 2-186　"另存为"命令

（36）选择好要保存的路径，按要求起名称：组名 -SC-29- 学号 - 姓名，单击"保存"按钮，如图 2-187 所示。

图 2-187　"另存为"对话框

（37）完成后执行"文件"→"保存"命令（制作过程中也要注意保存，防止软件崩溃）。

（38）按 Ctrl+Enter 组合键发布 SWF 文件。

最终效果如图 2-188 所示。

图 2-188　最终效果

（五）拓展训练

尝试完成制作复杂引导层动画的拓展训练。

项目名称："龙"网页动画。

项目要求：利用引导层和补间动画做出引导动画效果。

项目尺寸：500×400px

最终制作效果如图 2-189 所示。

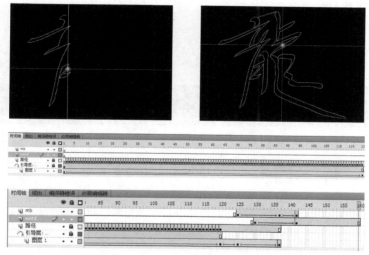

图 2-189 "龙"网页动画效果

回答问题：

1．平板电脑界面设计方案和手机界面设计方案有区别吗？

答：

2．平板电脑界面设计和手机界面设计的流程有区别吗？

答：

参考答案：

1．平板电脑界面设计方案和手机界面设计方案有区别吗？

答：平板电脑的方案设计的框架和手机界面方案设计一样。

方案分为四部分：①前期分析；②结构功能；③设计原则；④视觉亮点。

主要我们就考虑两个部分一是前期分析，二是设计原则。因为结构功能这部分我们平面设计人员只需要理解，并与设计结合就可以了。

2．平板电脑界面设计和手机界面设计的流程有区别吗？

答：平板电脑界面的流程和手机界面一样，只是在规范上略有区别，因为毕竟手机和平板电脑的屏幕尺寸是有区别的。

任务验收

学生姓名：　　　　　　班级：　　　　　　学号：　　　　　　组号：

	人员人员	评价标准	所占分数比例	各项分数	总分
任务2	小组互评（组长填写）	1．逻辑思维清晰（2） 2．做事认真、细致（3） 3．表达能力强（2） 4．具备良好的工作习惯（3）	10%		
	自我评价（学生填写）	1．任务目标及需求（2） 2．制作简单引导层动画（4） 3．制作复杂引导层动画（4）	10%		
	专家评价（专家填写）	完成任务并符合评价标准（60） 1．了解任务目标及需求 2．进一步了解网页动画设计师的岗位职责与企业标准。 3．掌握制作复杂引导层动画的方法 4．逻辑思维清晰，做事认真、细致，表达能力强，具备良好的工作习惯，具备团队合作能力	60%		
	进退步评价（教师填写）	1．完成任务有明显进步（15~20） 2．完成任务有进步（10~15） 3．完成任务一般（5~10） 4．完成任务有退步（0~5）	20%		
	任务收获（学生填写）				

学习单元三
设计遮罩与交互网页动画

总体概述

本单元主要学习设计遮罩与交互网页动画，主要是让学生通过学习掌握设计遮罩网页动画、设计交互网页动画等。

了解设计逻辑，梳理逻辑内容，完善设计功能，进行制作简单遮罩动画、制作复杂遮罩动画、制作有声动画、制作交互动画等。

工作内容

1. 设计遮罩网页动画。
2. 设计交互网页动画。

职业标准

1. 具备分析客户需求、了解客户意图的能力。
2. 具备熟悉岗位职责与企业标准的能力。
3. 具备网页动画的设计方法、技能的能力。
4. 能够利用文本、图片、声音、视频等素材，制作图文并茂的网页动画。
5. 能够通过动画效果，制作具有动态效果的网页动画。
6. 具备将所学知识进行综合应用，制作符合要求的网页动画的能力。
7. 具有高度的责任心和认真细致的工作态度。
8. 具备良好的团队精神和良好的沟通能力。

教学工具

1. 铅笔、橡皮、笔、纸。
2. 多媒体机房，Flash、Photoshop 等。

任务 1　设计遮罩网页动画

一、任务描述

通过《网页动画制作》教材中《寻找瓢虫》SC-01 镜头、《袋鼠与饲养员》- 饲养员结尾 -SC-41 镜头动画为任务，进行全方位实践，最终通过设计遮罩网页动画的学习，达到制作遮罩网页动画的能力并在实际工作中熟练应用，并锻炼学生举一反三的能力。

二、任务活动

活动 1 制作简单遮罩动画。

活动2制作复杂遮罩动画。

三、学习建议

1. 需求分析：了解任务目标、需求，基本工作流程。

2. 实训任务：完成制作简单遮罩动画的任务。

备注：分组进行分析（4人一组）。

四、评价标准

1. 熟悉 Flash 的绘图环境，熟练使用工具箱的工具进行绘图；能够创建和编辑文本。

2. 能够对 Flash 对象进行编辑。

3. 能够运用逐帧动画、补间动画、引导层动画、遮罩动画等表现手法进行制作。

4. 能够进行输出和发布动画。

5. 能够与上下级进行良好的沟通，并协调好工作。

五、任务实施

任务单

学生姓名：　　　　　班级：　　　　学号：　　　　　组号：

单元任务	活动	活动内容	活动时间	活动成果
任务 1：设计遮罩网页动画	1. 制作简单遮罩动画	1. 了解分析客户需求的方法 3. 初步认识网页动画的设计原则和技术 3. 了解利用文本、图片等素材，制作矢量图形草图	4 课时	《寻找瓢虫》SC-01
		设备需求： 1. 设备要求：配备有多媒体设备的专业课教室 2. 工具要求：铅笔、橡皮、笔、纸		
	2. 制作复杂遮罩动画	1. 进一步认识网页动画设计师的岗位职责与企业标准 2. 了解网页动画的设计原则和技术 3. 进一步了解利用文本、图片等素材，制作矢量形状	4 课时	《袋鼠与饲养员》- 饲养员结尾 -SC-41
		设备需求： 1. 设备要求：配备有多媒体设备的专业课教室 2. 工具要求：铅笔、橡皮、笔、纸、Flash、Photoshop		

活动实施

活动 1　制作简单遮罩动画

（一）活动描述

在教师的引领下，通过本教材完成设计遮罩网页动画的内容，并学习制作简单遮罩动画的方法。

（二）工作环境

活动环境要求：多媒体投影。

所需工具：铅笔、橡皮、笔、纸等。

（三）相关知识

1. 网页动画基本常识

现在，网页动画的形式越来越丰富，如何在网页动画设计中保持独特的创意的同时，能够很好地达到广告应有的效果是非常重要的，网页动画创意是广告人员对确定的广告主题进行的整体构思活动，为了让网页动画达到最佳的宣传效果，根据网络媒体的特点，充分发挥想象力和创造力，提出有利于创造优秀甚至杰出广告作品的构思，创意策略以研究产品概念、目标消费者、广告信息和传播媒介为前提，是广告活动的灵魂，也是一则广告是否成功的关键。

（1）网页动画的创意原则。

① 目标性原则。目标性是网页动画创意的首要原则，网页动画必须与广告目标和营销目标相吻合，创意的最终目标是为了促进营销目标的实现。

② 互动性原则。网页动画的创意必须关注目标对象是哪些人？他们的人文特征及心理特征是什么？从而运用网络媒体互动性的优势，设计能和受众进行互动的广告，以调动他们的兴趣，主动参与到广告活动中来。

③ 简洁性原则。广告创意必须简单明了，切中主题，才能使人容易读懂广告创意所传达的信息。

④ 关注性原则。网页动画必须要能吸引消费者的注意力。

⑤ 多样性原则。网页动画的多样性是指网页动画表现形式多样的创意，这样才能充分利用网络的优势来达到更好的广告效果。

⑥ 精确性原则。网页动画趋向于进行精准传输，目标受众的精确定位是网页动画的创意原则之一，这也是网页动画发展的未来趋势。

（2）网页动画的创意方法。

① 提炼主题，选择一个有吸引力的网页动画创作的主题。

② 进行有针对性地诉求，在买点的设计上，应站在访问者的角度，注意与广告内容的相关性，从而提高广告的点击率。

③ 营造浓郁的文化氛围，应用传统文化进行网页动画的创意设计，既新鲜易于受众接受，又能起到很好的效果。

④ 品牌具有亲和力，广告不仅是推销产品，同时也是建立品牌形象的一种方式，利用树立企业的品牌让用户对产品产生信心和认同，但要注意过分的品牌宣传则会降低浏览者的好奇心，降低点击率，因此，在广告创意上要注重对品牌亲和力的塑造。

⑤ 利益诱惑，抓住消费者注重自身利益的心理特点，注重宣传该网页动画活动给浏览者带来的好处，吸引浏览者参与活动。

（3）网页动画创意的技巧：① 用有震撼力的词汇；②使用鲜明的色彩；③使用动画；④经常更换图片。

（4）网页动画创意的思维方法。

① 抽象思维，即逻辑思维，是借助判断、概念、推理等抽象形式来反映现象的一种论证性、概括性的思维活动。

② 形象思维，又称直觉思维，是一种借助于具体形象来进行思考的，具有实感性、生动性的思维活动。

③ 灵感思维，又称顿悟思维，是一种突发性的特殊的思维形式，在创意过程中处于关键性阶段，表现于处于创意的高峰期，是人脑的高层次活动。

（5）网页动画创意性思维的设计手法。

① 凸显特征法，即运用各种方式抓住和强调产品或主题本身与众不同的特征，并把它鲜明地表现出来，将这些特征置于网页动画的主要视觉部位或加以烘托处理，使观众在接触的瞬间即很快感受到，对其产生注意和发生视觉兴趣，达到刺激购买欲望的目的。

② 直接展示法，让消费者对所宣传的产品产生一种亲切和责任感，是将某产品或主题直接如实地展示在网页动画中，充分运用多媒体技术的表现力，细致刻画和着力渲染产品的质感、形态和功能用途，将产品精美的质地引人入胜地呈现出来，给人以逼真的现实感。

③ 对比法，是一种趋向于对立冲突的艺术美中最突出的表现手法，他把作品中所描绘的事物的性质和特点放在鲜明的对照和直接对比来表现，从对比所呈现的差别中，达到集中、简洁、曲折变化的表现。

④ 运用了联想法，是由一事物想到另一事物的心理过程，由当前事物回忆过去事物或展望未来事物，由此一物想到比一物，都是联想。

⑤ 谐趣模仿法，这是一种创意的隐喻手法，以其异常神秘感提供网页动画的诉求效果，增加产品身价和注目度，别有意味地采用以旧换新的借名方式，把世间一般大众所熟悉的艺术品和社会名流等作为谐趣的图像，经过巧妙地变换，给消费者一种崭新的视觉印象和轻松愉快的趣味性。

⑥ 幽默展示法，是指广告作品中巧妙地再现喜剧性特性，抓住生活现象中局部性的东

西，通过人们的性格、外貌和举止的某些可笑的特征表现出来。

2．Flash 软件操作技能

遮罩的原理：遮罩和前一部分所讲的引导类似，通过两个层的相互作用而产生一种特殊的效果。通过下面的实例来说明这一点。

（1）启动 Flash 软件，在属性栏将背景色设置成深蓝色，如图 3-1 所示。

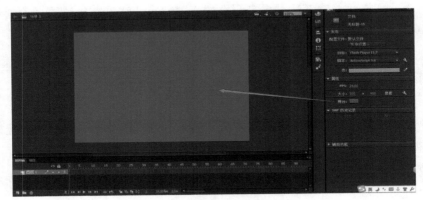

图 3-1　将背景色设置成深蓝色

（2）将"图层 1"命名为"文字"，用文本工具输入文字并调整颜色为黑色，如图 3-2 所示。

图 3-2　输入文字并调整颜色

（3）新建一图层命名为"探照灯"，绘制一没有边框的圆，颜色为绿色，将圆放在和文字同样的高度，此时圆将文字层上的文字给挡住了，如图 3-3 所示。

（4）在探照灯层右击，在弹出的快捷菜单中选择"遮罩层"选项，如图 3-4 所示。

（5）选择"遮罩层"将出现图 3-5 所示的画面。

此时只看到了两个字母，而且还不完整，来分析一下为什么会出现这种现象，你可以这样来想象，文字的上方蒙了一张带有孔的纸，这个空就是绿色的圆，如果没有这个孔的话，你将什么都看不见，因为文字全部被纸所挡住了，正是因为有了这个孔才让你看到了下面的黑色文字，所以你只能看到一部分。好好理解这段话，非常关键！

图 3-3　绘制圆并遮挡住文字

图 3-4　"遮罩层"选项

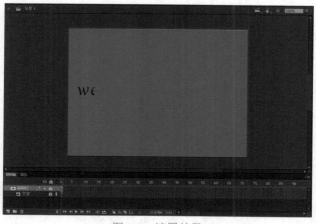

图 3-5　遮罩效果

（6）接下来，将文字层和圆层上下位置互换，看又会出现什么情况，将鼠标对着圆这一层，单击鼠标右键，在弹出菜单中将"遮罩"取消，然后将文字层拖到圆的上方，如图 3-6 所示。

（7）此时鼠标对着文字层单击鼠标右键，在弹出的快捷菜单中选择"**遮罩**"选项，出现如图 3-7 所示的画面。

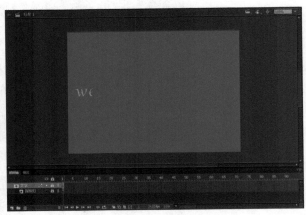

图 3-6 将文字层拖到圆的上方　　　　　　　　图 3-7 遮罩效果

看到的效果和前一次（图 3-7）的效果非常相似，不同的是文字颜色由黑色变成了现在的绿色，这又是怎么回事呢？还是用刚才的那种思想来解释，你想象着下面放着一个绿色的圆，上面蒙着一张带有一些孔的纸，这些孔就是文字（指文字上有颜色的部分），透过这些文字孔看到了下面圆上的部分，由于孔是文字的形状，所以看到的圆的部分组成的仍然是文字，而圆的颜色是绿色，因此看到的效果就是绿色的文字。

其实，还可以通过让圆移动来实现手电光照射效果，将遮罩效果取消，将圆层上的锁打开（这是做遮罩效果时自动锁住的），在 25 帧处插入关键帧，将圆的位置移到右边，创建动画（别忘了把鼠标放在第 1 帧到第 25 帧之间而且选择的是"形状"而不是"移动"），如图 3-8 所示。

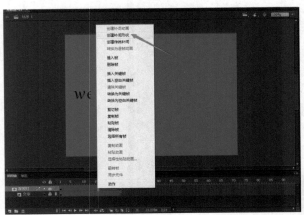

图 3-8 创建动画

预览一下，就看到了一束手电光从文字的左边移动到了右边，如图 3-9 所示。如果你想做得更像，在绘制圆的时候将填充方式设置为"径向填充"并修改右边调色板中的属性，可以实现灯光周围模糊的效果。

图 3-9   实现手电光照射效果

最终效果，如图 3-10 所示。

图 3-10   最终效果

⊕ **练一练**

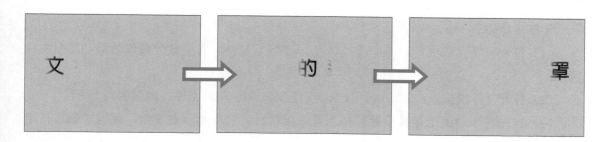

（四）活动实施

活动 - 工作单			
动画片名称	《寻找瓢虫》	动画制作员姓名	填写姓名
镜头名称	SC-01	动画制作员编号	填写学号
镜头属性	720×576 像素	动画制作项目小组	填写组号
镜头内容	情节：深夜利用探照灯寻找瓢虫。 遮罩层：探照灯元件。 背景层：瓢虫元件。		
特殊要求	1. 遮罩动画。		
镜头素材	1. 遮罩 -SC-01- 探照灯 - 图形元件 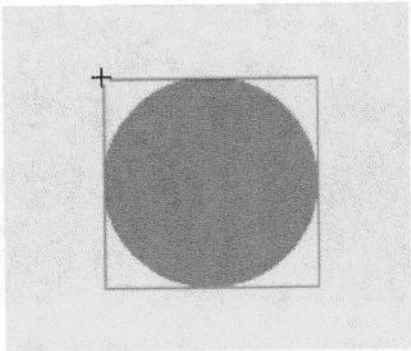 2. 背景 -SC-01- 七星瓢虫 - 图形元件 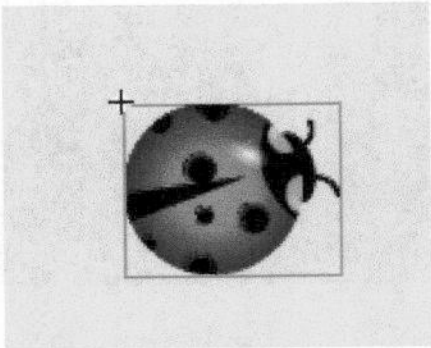 		
镜头要点	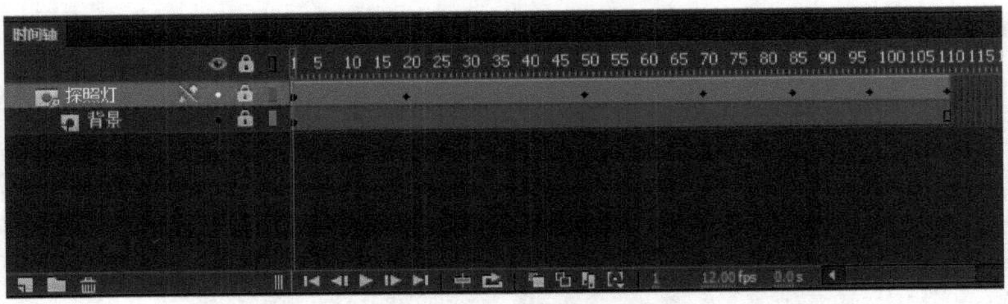 上下层之间的排列关系		
完成情况			
组长		导演	

详细步骤如下。

（1）打开《寻找瓢虫》SC-01- 寻找瓢虫 .swf 项目文件，首先欣赏最终效果，如图 3-11 所示。

（2）打开《寻找瓢虫》SC-01- 寻找瓢虫 - 学生用 . fla 项目文件，如图 3-12 所示。

（3）首先将库中的七星瓢虫元件拖入背景层舞台，放在舞台右下角，并用矩形工具绘制一个与舞台大小一样的矩形（颜色随意、自己喜欢什么颜色都行），如图 3-13 所示。

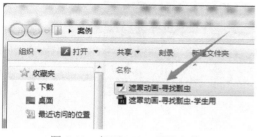
图 3-11　打开 SWF 项目文件

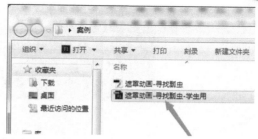
图 3-12　打开 Flash 项目文件

（4）然后将探照灯元件拖入探照灯层舞台，放在舞台左上角，如图 3-14 所示。

图 3-13　将七星瓢虫元件拖入背景层舞台

图 3-14　将探照灯元件拖入探照灯层舞台

（5）在第 60 帧处为所有图层插入帧，如图 3-15 所示。

图 3-15　插入帧

（6）为探照灯层第 1 帧至 60 帧创建补间动画，如图 3-16 所示。

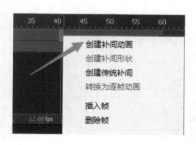

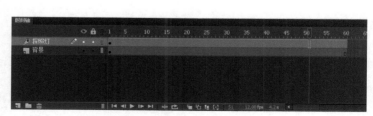
图 3-16　创建补间动画

（7）将时间轴放在第 60 帧选中探照灯元件，将探照灯元件位移至七星瓢虫上与其重叠，如图 3-17 所示。

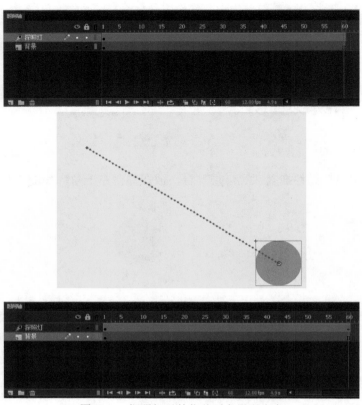

图 3-17　探照灯元件位移至七星瓢虫上

（8）将时间轴放在第 15 帧处，将探照灯元件位移至左下角，如图 3-18 所示。

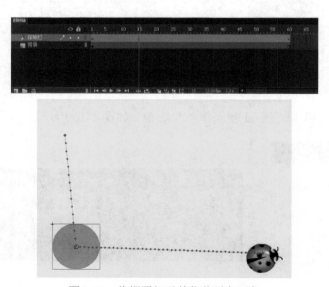

图 3-18　将探照灯元件位移至左下角

（9）用同样的方法在不同的时间轴上调整探照灯的位置，如图 3-19 所示。

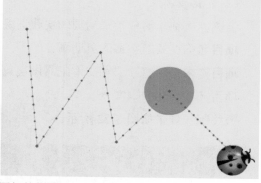

图 3-19　调整探照灯的位置

（10）对探照灯层右击，选择"遮罩层"选项，如图 3-20 所示。

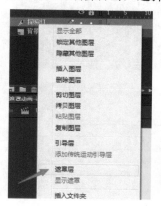

图 3-20　遮罩层

（11）完成后执行"文件"→"保存"命令（制作过程中也要注意保存，防止软件崩溃）。

（12）按 Ctrl+Enter 组合键发布 SWF 文件。

最终效果如图 3-21 所示。

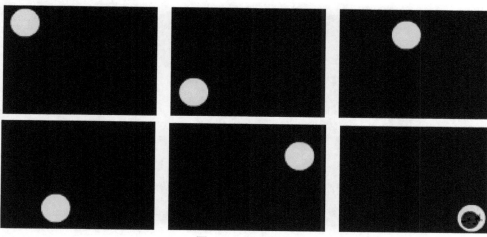

图 3-21　最终效果

（五）拓展训练

尝试完成制作简单遮罩动画的实践训练。

项目名称：欢迎字幕网页动画。

项目要求：用遮罩层和文本工具做出遮罩效果。

项目尺寸：500×400px

最终制作效果如图 3-22 所示。

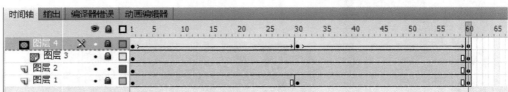

图 3-22　欢迎字幕网页动画效果

回答问题：

1．网页动画创意的方法？

答：

2．网页动画创意的技巧？

答：

参考答案：

1．网页动画创意的方法？

答：①提炼主题；②针对性诉求；③品牌亲和力；④文化浓郁；⑤利益诱惑。

2．网页动画创意的技巧？

答：①用有震撼力的词汇；②使用鲜明的色彩；③使用动画；④经常更换图片。

活动 2　制作复杂遮罩动画

（一）活动描述

在教师的引领下，通过本教材完成设计遮罩网页动画的内容，并学习制作复杂遮罩动画的方法。

（二）工作环境

活动环境要求：多媒体投影。

所需工具：铅笔、橡皮、笔、纸、Flash、Photoshop 等。

（三）相关知识

1．网页动画基本常识

网页动画创意的原则与手段

网页动画创意是广告人员对确定的广告主题进行的整体构思活动，为了让网页动画达到最佳的宣传效果，根据网络媒体的特点，充分发挥想象力和创造力，提出有利于创造优秀甚至杰出广告作品的构思。

创意策略以研究产品概念、目标消费者、广告信息和传播媒介为前提，是广告活动的灵魂，也是一则广告是否成功的关键。现在，网页动画的形式越来越丰富，如何在网页动画设计中保持独特创意的同时，能够很好地达到广告应有的效果是非常重要的，在网页动画中创意有一些方法，也要遵循一定的原则。

（1）网页动画的创意原则。

① 目标性原则。目标性是网页动画创意的首要原则，网页动画必须与广告目标和营销目标相吻合，创意的最终目标是为了促进营销目标的实现。任何广告创意都必须考虑：广告创意要达到什么目的？起到什么效果？

② 简洁性原则。广告创意必须简单明了，切中主题，才能使人容易读懂广告创意所传达的信息。

③ 关注性原则。网页动画必须要能吸引消费者的注意力，美国广告大师大卫·奥格威说："要吸引消费者的注意力，同时让他们来买你的产品，非要有很好的点子不可。除非你有很好的点子，不然它就像快被黑暗吞噬的船只。"

④ 多样性原则。网页动画的多样性是指网页动画表现形式多样的创意，随着 Web 2.0

网站的出现，广告创意应该多样化，这样才能充分利用网络的优势来达到更好的广告效果。

⑤ 互动性原则。网页动画的创意必须关注目标对象是哪些人？他们的人文特征及心理特征是什么？从而运用网络媒体互动性的优势，设计能和受众进行互动的广告，以调动他们的兴趣，主动参与到广告活动中来。

⑥ 精确性原则。网页动画趋向于进行精准传输，也就是"把适合的信息传达给适合的人"。目标受众的精确定位是网页动画的创意原则之一，这是网页动画发展的未来趋势之一。

（2）网页动画的创意手段。

① 提炼主题。选择一个有吸引力的网页动画创作的主题。

② 进行有针对性地诉求。在买点的设计上，应站在访问者的角度，注意与广告内容的相关性，从而提高广告的点击率。

③ 品牌具有亲和力。广告不仅是推销产品，同时还是建立品牌形象的一种方式，利用树立企业的品牌让用户对产品产生信心和认同，但要注意过分的品牌宣传则会降低浏览者的好奇心，降低点击率，因此，在广告创意上要注重对品牌亲和力的塑造。

④ 营造浓郁的文化氛围。应用传统文化进行网页动画的创意设计，既新鲜易于受众接受，又能起到很好的效果。

⑤ 鲜明的色彩、使用动画、经常更换图片。

　　广告创意贯穿在广告策划的全过程中，它是通过构思形成的新颖而富有吸引力的广告创作意念。广告创意实质上是根据产品市场、目标消费者、竞争对手等情况制定的广告策略，寻找一个说服目标消费者的理由，并根据这个理由通过视、听表现来影响目标消费者的感情和行为。广告创意不同于纯艺术创作，它是一种目的性很明确的信息创作，通常是广告人集体智慧的结晶。因此，它必须服从广告目标和广告策略，在此前提之下，展开思考与联想，确定广告的表现方针，如广告诉求重点、信息的传播方法、说服的方式、技巧等。广告创意从根本上说是一种商业行为，它的功能是传达信息，目的是促进销售，使用的手段是艺术。因此，广告创意有自己的创意形态、创作方法，不能照搬艺术创作。正确的广告创意程序是从商品、市场、目标消费者入手，首先确定有没有必要说，再确定对谁说，继而确定说什么，然后是怎么说。广告创意的核心在于提出理由，继而讲究说服，以促成行动。而这一理由应具有独创性，是别人未曾使用过的。广告创意的基本原则 —— 任何创意都是对客体的反映。广告创意是表现客体的思维活动，它来自对商品、市场、竞争、消费者，以及内外环境等方面的认知和把握。

2. Flash 软件操作技能

制作光的扫描效果

（1）启动 Flash 软件，在属性栏设置背景色为黑色，将"图层 1"命名为"文字"，选择文本工具，设置字体为"Algerian"，填充色为"#979797"，文字为"Let is go"，如图 3-23 所示。

（2）新建一图层命名为"扫描光"，如图 3-24 所示。

图 3-23 设置"文字"图层的字体、颜色

图 3-24 新建"扫描光"图层

（3）选择矩形工具，将边框设置为无色，然后在调色板中选择填充方式为"线性"，如图 3-25（a）所示。鼠标放在两个滑块之间，当鼠标出现如图 3-25（b）所示的状态时单击一下，这样就增加了一个滑块，如图 3-25（c）所示。

（a）

（b）

（c）

图 3-25 调色板

（4）用鼠标单击一下左边滑块，选择滑块颜色为白色并将颜色的不透明度调为 0，如图 3-26（a）所示。选择中间滑块，将颜色调整为白色，如图 3-26（b）所示。选择右边滑块，此时滑块颜色已经是白色了，所以只需将不透明度调为 0 即可，如图 3-26（c）所示。

学习单元 三 设计遮罩与交互网页动画

（a） （b） （c）

图 3-26 设置线性渐变颜色

（5）将边框颜色设置成无色，如图 3-27 所示。

（6）在光层的第 1 帧绘制一长矩形，如图 3-28 所示。

图 3-27 设置边框颜色 图 3-28 绘制长矩形

（7）将绘制的矩形转换成图形元件并调整其位置，如图 3-29 所示。

图 3-29 将绘制的矩形转换成图形元件并调整位置 图 3-30 创建图形动画

（8）在文字层第 25 帧处右击，选择"插入帧"选项，然后在扫描光层的第 25 帧处插入关键帧，将光这个图形移动到右上边，创建图形动画如图 3-30 所示。

（9）再新建一层命名为"遮罩"，将文字层的第 1 帧复制到遮罩层的第 1 帧，具体操作方法：就是用鼠标对着背景层第 1 帧单击鼠标右键，选择"复制帧"选项，然后鼠标对着遮罩层第 1 帧单击鼠标右键，选择"粘贴帧"选项即可，此时已经自动延续到第 25 帧，如图 3-31 所示。

图 3-31　复制帧

（10）用鼠标对着遮罩层右击，在弹出的快捷菜单中选择"遮蔽"选项，如图 3-32 所示。

图 3-32　创建"遮蔽"效果

（11）预览一下看看效果。

经验分享：

　　来回顾一下，从整个过程看为什么会出现这样的效果。一共有三个图层。文字层的第 1 帧是将绘制的文字作为背景，在 25 帧处插入帧的作用是让第一个帧的画面延续到 25 帧处，所以此时没有必要插入关键帧。扫描光层就是图形元件光从一边移动到了另外一边。由于遮罩层复制的是文字层上面的帧，因此遮罩层和文字层完全相同，也是所绘制的文字，这样光就被夹在了两个图形之间。遮罩层和扫描光层这两个层产生的最终效果是看到一道光，它并不是整个图形光，而只是它的一部分，回想一下遮罩的原理就不难明白这一点。试想，如果没有文字层作为背景，那么看到的只不过是一道光而已，正是因为有了文字层才出现了图 3-32 所示的效果。说明：

　　① 用来做遮罩的可以是绘制的形状（如圆、文本 Let is go）也可以是图形元件（如光），还可以是影片剪辑。

　　② 不加处理的线条不能做遮罩，所以上面绘制的椭圆必须转换成填充，使线条变为

填充。

③ 遮罩的效果和被遮罩物的颜色有关，而和遮罩物的颜色无关。

练一练

（四）活动实施

活动 - 工作单			
动画片名称	《袋鼠与饲养员》	动画制作员姓名	填写姓名
镜头名称	SC-41 片尾	动画制作员编号	填写学号
镜头属性	720×576 像素　帧频 25/ 秒	动画制作项目小组	填写组号
镜头内容	情节：饲养员哭笑不得，用一个圆形这招效果收尾。 遮罩层：矢量图元。 背景层：草地、饲养员哭		
特殊要求	遮罩动画		
镜头素材	1. 背景 -SC- 片尾 - 饲养员哭 - 图形元件 2. 背景 -SC- 片尾 - 草地 - 图形元件		
镜头要点	上下层之间的排列关系		
完成情况			
组长		导演	

详细步骤如下。

（1）打开遮罩动画 - 饲养员结尾 .swf 项目文件，首先欣赏最终效果，如图 3-33 所示。

（2）打开遮罩动画 - 饲养员结尾 - 学生用 .fla 项目文件，如图 3-34 所示。

图 3-33 打开 SWF 项目文件

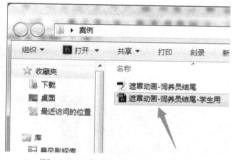

图 3-34 打开 Flash 项目文件

（3）首先因为给的背景素材很大，为了更好地辨识舞台大小，为舞台边线加上标尺，在舞台中右击，在弹出的快捷菜单中选择"标尺"选项，如图 3-35 所示。

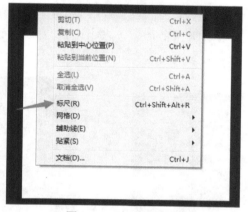

图 3-35 "标尺"选项

（4）从上面的刻度拖曳下来标线，如图 3-36 所示。

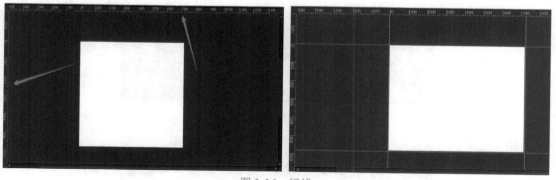

图 3-36 标线

（5）因为手动对位置没有那么精确，所以要双击标线，在弹出的对话框中将位置输入，水平的线需要 0、720 的两根线，垂直的标线需要 0、576 的标线，现在就将标线严丝合缝地与舞台对齐，如图了 3-37 所示。

（6）创建两个图层分别命名为"遮罩层"、"背景"，如图 3-38 所示。

图 3-37　标线与舞台对齐　　　　　　　　图 3-38　创建图层

（7）在背景层将"学生用 - 背景"与"学生用 - 饲养员"元件拖入舞台，放置在舞台中央并锁定背景层，如图 3-39 所示。

（8）在遮罩层用椭圆工具绘制一个正圆（大小比舞台大就行，颜色随意），如图 3-40 所示。

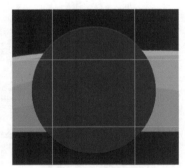

图 3-39　将元件拖入舞台　　　　　　　　图 3-40　绘制正圆

（9）在遮罩层第 170 帧处插入关键帧，然后在背景层第 170 帧处插入帧，如图 3-41 所示。

图 3-41　插入帧

（10）在遮罩层第 39、47 帧处插入关键帧，如图 3-42 所示。

图 3-42　在遮罩层第 39、47 帧处插入关键帧

（11）将遮罩层第 47 帧处的圆缩小，如图 3-43 所示。

（12）在遮罩层第 75、153 帧处插入关键帧，如图 3-44 所示。

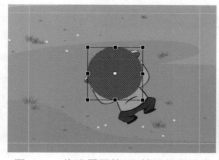

图 3-43　将遮罩层第 47 帧处的圆缩小　　　　图 3-44　在遮罩层第 75、153 帧处插入关键帧

（13）将遮罩层第 153 帧处的圆缩小，如图 3-45 所示。

（14）在遮罩层第 155 帧处插入关键帧，如图 3-46 所示。

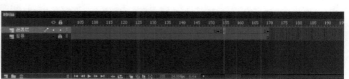

图 3-45　将遮罩层第 153 帧处的圆缩小　　　　图 3-46　在遮罩层第 155 帧处插入关键帧

（15）将遮罩层第 155 帧处的圆放大一点点，如图 3-47 所示。

（16）将遮罩层第 170 帧处的圆缩小至看不见，如图 3-48 所示。

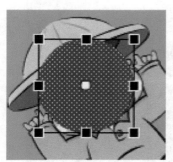

图 3-47　将遮罩层第 155 帧处的圆放大一点点　　图 3-48　将遮罩层第 170 帧处的圆缩小至看不见

（17）为遮罩层 39 至 47 帧、75 至 153 帧、153 至 155 帧、155 至 170 帧分别创建传统补间，如图 3-49 所示。

图 3-49　创建传统补间

（18）这是在遮罩层层标右击，选择"遮罩层"选项，如图 3-50 所示。

图 3-50　遮罩层

（19）完成后执行"文件"→"保存"命令（制作过程中也要注意保存，防止软件崩溃）。

（20）按 Ctrl+Enter 组合键发布 SWF 文件。

最终效果如图 3-51 所示。

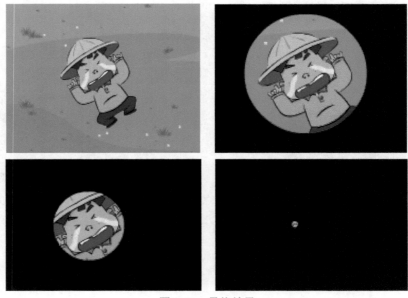

图 3-51　最终效果

（五）拓展训练

尝试完成制作复杂遮罩层动画的拓展训练。

项目名称： 衣服网页动画。

项目要求： 利用画笔工具做出逐帧动画效果。

项目尺寸： 宽为300px，高为250px，帧频为24fps，背景颜色为白色。

最终制作效果如图3-52所示。

图3-52　优衣库网页动画效果

回答问题：

1. 简述网页动画的创意原则。

答：

2. 简述网页动画的创意手段。

答：

参考答案：

1. 简述网页动画的创意原则。

答：①目标性原则；②关注性原则；③简洁性原则；④互动性原则；⑤多样性原则；⑥精确性原则。

2. 简述网页动画的创意手段。

答：①提炼主题；②进行有针对性地诉求；③品牌具有亲和力；④营造浓郁的文化氛围；⑤鲜明的色彩、使用动画、经常更换图片。

任务验收

学生姓名： **班级：** **学号：** **组号：**

	人员	评价标准	所占分数比例	各项分数	总分
任务1	小组互评 （组长填写）	1. 逻辑思维清晰（2） 2. 做事认真、细致（3） 3. 表达能力强（2） 4. 具备良好的工作习惯（3）	10%		
	自我评价 （学生填写）	1. 任务目标及需求（2） 2. 制作简单遮罩动画（4） 3. 制作复杂遮罩动画（4）	10%		
	专家评价 （专家填写）	完成任务并符合评价标准（60） 1. 了解任务目标及需求 2. 掌握制作复杂遮罩动画的方法。 3. 检查、修改遮罩动画网页动画的方法。 4. 逻辑思维清晰，做事认真、细致，表达能力强，具备良好的工作习惯，具备团队合作能力。	60%		
	进退步评价 （教师填写）	1. 完成任务有明显进步（15~20） 2. 完成任务有进步（10~15） 3. 完成任务一般（5~10） 4. 完成任务有退步（0~5）	20%		
	任务收获（学生填写）				

任务2 设计交互网页动画

一、任务描述

通过《网页动画制作》教材中《文明宣传动画 - 地铁》SC-05 声音编辑、按钮控制基本动作动画为任务，进行全方位实践，最终通过设计交互网页动画的学习，达到制作交互网页动画的能力并在实际工作中熟练应用，并锻炼学生举一反三的能力。

二、任务活动

活动 1 制作有声动画。

活动 2 制作交互动画。

三、学习建议

1．需求分析：了解任务目标、需求，基本工作流程。

2．实训任务：完成制作有声动画的任务。

备注：分组进行分析（4人一组）。

四、评价标准

1. 熟悉 Flash 的绘图环境，熟练使用工具箱的工具进行绘图；能够创建和编辑文本。

2. 能够对 Flash 对象进行编辑。

3. 能够运用逐帧动画、补间动画、引导层动画、遮罩动画等表现手法进行制作。

4. 能够进行音频和视频的导入与编辑。

5. 能够运用 ActionScript 语言为按钮、帧、动画片段设置动作。

6. 能够进行输出和发布动画。

7. 能够与上下级进行良好的沟通，并协调好工作。

五、任务实施

任务单

学生姓名：　　　　　班级：　　　　　学号：　　　　　组号：

单元任务	活动	活动内容	活动时间	活动成果
任务2：设计交互网页动画	1. 制作有声动画	1. 了解网页动画设计师的岗位职责与企业标准 2. 掌握利用文本、图片等素材，制作动画素材 3. 掌握制作有声动画的方法	2 课时	《文明宣传动画 - 地铁》SC-05 声音编辑
		设备需求： 1. 设备要求：配备有多媒体设备的专业课教室 2. 工具要求：铅笔、橡皮、笔、纸、Flash、Photoshop		
	2. 制作交互动画	1. 进一步了解网页动画设计师的岗位职责与企业标准 2. 掌握制作交互动画的方法	2 课时	按钮控制基本动作
		设备需求： 1. 设备要求：配备有多媒体设备的专业课教室 2. 工具要求：铅笔、橡皮、笔、纸、Flash、Photoshop		

活动实施
活动 1　制作有声动画

（一）活动描述

在教师的引领下，通过本教材完成制作有声动画的内容，并学习制作有声动画的方法。

（二）工作环境

活动环境要求：多媒体投影。

所需工具：铅笔、橡皮、笔、纸、Flash、Photoshop 等。

（三）相关知识

1．网页动画基本常识

交互性是网页动画创意成功的关键

网页动画的创意因素主要来自互联网本身，互联网是一个超媒介，它融合了其他媒介的特点，因为不同的传播目的、传播对象，可以承载不同的广告创意，同时也是计算机科技和网络科技的结合，注定这个媒介的高科技特性，也带来了更加多变的表现方法，为网页动画创意提供了更多的创意方向。

网页动画策划中极具魅力、体现水平的部分就是创意：一是内容、视觉表现、形式、广告诉求的创意；二是技术上的创意。

人类是地球上最具交互性的动物，只要醒着，我们的生活就是一连串与周围的人和世界进行互动的过程，我们用视觉、听觉、嗅觉、触觉等各种方式面对我们周遭的一切，接受不同的信息，然后经过消化，再反馈出去，就像交互性会使交谈的双方或多方都能表达自己的兴趣，并且能对共同关心的话题进行沟通，而网页动画的创意要强调互联网本身的媒介特性，即交互性和实时交互性。

Internet 作为一种媒体，是最具有这种相似的交互性的，电视、报纸、杂志等媒体大多数时候是单向传播信息，我们在看的过程中只能选择接受或者拒绝接受，就好像听报告，而 Internet 不单单是一个传播者，人们在接受信息的同时还能对这些信息做出反馈，甚至以个体的形式传播自己的信息，这一点现在变得越来越重要，而网页动画最为独特之处就在于其交互性，"人通过机器的交流将变得比人与人、面对面的交流更加有效"，无疑预见了互联网的交互性在沟通中的巨大潜力。

"交互式"网页动画的出现，使消费者拥有比面对传统媒体更大的自由，他们可根据自己的个性特点，根据自己的喜好，选择是否接收，接收哪些广告信息，这大大缩短了消费者的消费活动时间，达到了从单一告知性广告转变成交互性产品的比较。

好的网页动画不仅收获的是一个用户的体验，更是唤起该用户发动身边好友去共同感受，只要受众对该广告感兴趣，仅需轻按鼠标就能进一步了解更多、更为详细、生动的信息，最能够体现网络传播交互性的是电子商务网站，这类网站对商品分类详细，层次清楚，可以直接在网上进行交易，受众在信息获取方面有了更多自主权的同时，媒介交互功能也大大增强。

案例：企业、销售、制作全面沟通，使广告创意、制作水平和企业目的达到一致，例如，某广播调频曾经在首页上放置过一则某品牌的广告，打破了常规的呆板做法，不是单调地说明产品情况，而是通过别致的 Flash 和人物形象体现其产品的亲和力，它的点击率大大超出了以往的百分点。

在互动广告逐渐活跃的今天，如何做到在尊重受众的前提下追求利益的最大化，做到在尊重受众心理的前提下，保证广告导向与受众导向的一致性，如何通过广告的设计、创意，让受众在自发的心理驱动下去参与广告过程以及如何把互动广告的附加功能转化为广告的直接功能与目的，是摆在互动广告创意、设计人员面前的重要课题，也是互动广告成功与否的关键。

> **提示**
>
> 　　总之，网页动画的交互性使得厂家与消费者之间的沟通可以更直接。网页动画就像是一个舞台，无论作为表演者还是欣赏者，都需要和彼此间的动作互相结合，才有意义。如果没有参与，就没有任何意义。作为广告人应该创造出更有创意、更有趣味、更人性化的互动网页动画。

2. Flash 软件操作技能

添加声音

在 Flash 动画中必然不能缺少声音的处理，音乐和声效使动画声情并茂，更具有表现力和吸引力。本章将主要介绍声音的导入、使用和编辑方法。希望读者能在自己的动画中设计搭配合理的声音背景，使动画更加栩栩如生。

1）引入声音

声音对于动画来说是必不可少的。在 Flash 中搭配合适的音乐或音效，会给你的动画增色不少，使动画更加富有感染力。此外，还可以给按钮等元素配上音效，这样可以大大增加动画的交互性，使动画更加人性化。

（1）声音的类型。通常情况下，可以将以下声音文件格式导入到 Flash 中：

① WAV（仅限 Windows）；

② AIFF（仅限 Macintosh）；

③ MP3（Windows 或 Macintosh）。

如果系统上安装了 QuickTime4 或更高版本，则可以导入这些附加的声音文件格式：

① AIFF（Windows 或 Macintosh）；

② SoundDesignerII（仅限 Macintosh）；

③只有声音的 QuickTime 影片（Windows 或 Macintosh）；

④ SunAU（Windows 或 Macintosh）；

⑤ System7Sounds（仅限 Macintosh）；

⑥ WAV（Windows 或 Macintosh）。

Flash 可以导入 8 位或 16 位的声音文件，如果要向 Flash 中添加各种声音效果，最好导入 16 位的声音。但是，添加声音文件会占用大量的磁盘和内存空间，如果 RAM 有限，就使用短的声音剪辑或用 8 位的声音。

（2）引入声音。将声音文件导入到库中的方法如下：

①选择"文件"→"导入"→"导入到库"命令，如图 3-53 所示。

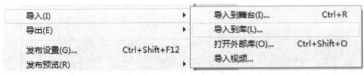

图 3-53　"导入到库"命令

②在弹出的"导入到库"对话框中，定位并打开所需的声音文件，如图 3-54 所示。

③单击"打开"按钮即可。

（3）将声音添加到时间轴上。时间轴的主要部件是层、帧和播放头。通过它可以组织和控制一部动画在不同时间、层和帧上的内容。

① 首先把需要添加的声音文件导入库中。

② 选择"插入"→"时间轴"→"图层"命令，为声音创建一个层。如图 3-55 所示。

图 3-54　"导入到库"对话框　　　　　　　　图 3-55　插入图层

③ 选定新建的声音层后，从属性面板添加声音，如图 3-56 所示。声音就添加到当前层中。可以把多个声音放在同一层上，或放在包含其他对象的层上。但是，建议将每个声音放在一个独立的层上。每个层都作为一个独立的声音通道。当回放 SWF 文件时，所有层上的声音就混合在一起。

④ 从"效果"菜单中选择需要的效果选项，如图 3-57 所示。

"无"不对声音文件应用效果。

"左声道"/"右声道"只在左或右声道中播放声音。

"从左到右淡出"/"从右到左淡出"会将声音从一个声道切换到另一个声道。

"淡入"会在声音的持续时间内逐渐增加其幅度。

"淡出"会在声音的持续时间内逐渐减小其幅度。

"自定义"可以通过使用"编辑封套"创建声音的淡入和淡出点。

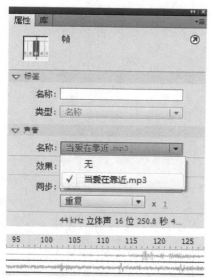

图 3-56 添加声音

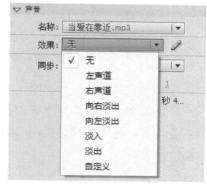

图 3-57 选择需要的效果选项

⑤ 从"同步"菜单中选择需要的同步选项,如图 3-58 所示。

"事件"选项会将声音和一个事件的发生过程同步起来。

如果声音正在播放,使用"开始"选项则不会播放新的声音实例。

"停止"选项将使指定的声音静音。

"数据流"选项将同步声音,以便在 Web 站点上播放。

Flash 强制动画和音频流同步。如果 Flash 不能足够快地绘制动画的帧,就跳过帧。与事件声音不同,音频流随着

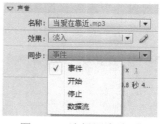

图 3-58 选择同步选项

SWF 文件的停止而停止。而且,音频流的播放时间绝对不会比帧的播放时间长。当发布 SWF 文件时,音频流混合在一起。音频流的一个实例就是动画中一个人物的声音在多个帧中播放。

2)声音的输出设置

导出声音时要对声音进行设置,声音的质量和 Flash 动画文件的大小相互制约。声音质量高,Flash 文件就会大;反之,Flash 文件就小。所以要根据不同的情况在这两者之间找到一个最佳的平衡点。Flash 中有两种方法对声音进行优化设置,一种是使用"发布设置"优化声音,另一种是在"库"面板中对声音进行设置。

(1)使用"发布设置"优化声音。选择"文件"菜单下的"发布设置"命令,弹出"发布设置"对话框,打开"Flash"选项卡,如图 3-59 所示。

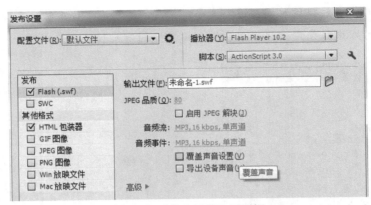

图 3-59 "发布设置"对话框

音频流：控制"数据流"同步类型声音的输出音量。

音频事件：控制"事件"同步类型声音的输出质量

覆盖声音设置：选中此项，Flash 不再使用库中对声音文件的设置，而使用"发布设置"对话框中的设置。

导出设备声音：选中此项，使 Flash 不支持的声音文件格式能使用 Flash 支持的代理格式回放。

（2）"库"面板中对声音进行设置。选择一个声音文件后右击，在弹出的快捷菜单中选择"属性"命令（图 3-60），弹出如图 3-61 所示的"声音属性"对话框。

单击"更新"按钮，对选择的声音文件进行更新。

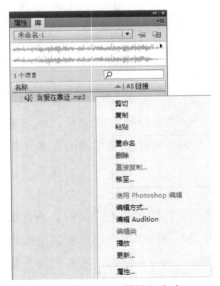

图 3-60 "属性"命令

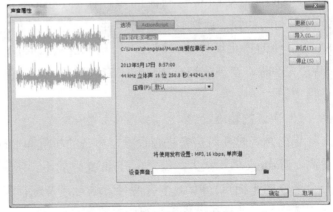

图 3-61 "声音属性"对话框

单击"导入"按钮，可以用新的音频文件替换原有的文件，如图 3-62 所示。

图 3-62　导入声音

"测试"按钮用来测试声音。

在测试过程中"停止"按钮用来停止测试。

单击"压缩"下拉列表框，可以选择"默认"、"ADPCM"、"MP3"、"Raw"和"语音"这几种不同的压缩格式，如图 3-63 所示。

图 3-63　"压缩"下拉列表框

3）编辑声音

（1）设置导入声音的属性。

① 选择"文件"→"导入"→"导入到库"命令。

② 在弹出的对话框中选择要导入的声音文件。然后单击"打开"按钮。

③ 选择"插入"→"时间轴"→"图层"命令，给此图层命名为"音乐"。选择此图层的某一帧如第 40 帧，然后选择"插入"→"时间轴"→"帧"命令，给此图层插入帧。

④ 选择"音乐"图层的 0 至 100 帧的任意一帧，然后在"属性"面板的"声音"下拉列表框中选择要播放的声音文件，如图 3-64 所示。

图 3-64　选择要播放的声音文件

⑤ 此时可以看到属性面板。可以对添加的声音文件进行下列属性设置：

在"声音"下拉列表框，可以选择导入库中的声音文件。

"效果"和"同步"下拉列表框中的选择项在前面已经介绍。

（2）编辑声音效果。

① 选中已经添加了声音的关键帧，选择"效果"中的"自定义"或者单击"属性"面板上的"编辑"按钮，弹出如图 3-65 所示的"编辑封套"对话框，在此可以对左右声道的声音进行编辑。

② 在"效果"下拉列表框中，可以设置声音的效果。图 3-65 右下角的 4 个按钮分别是"放大"、"缩小"、"秒"和"帧"按钮，作用如下。

单击"放大"按钮 ⊕，可以将图像放大，这样可以更清晰地看到声音的波形。

单击"缩小"按钮 ⊖，可以将图像缩小，这样可以对声音有整体把握。

单击"秒"按钮 ⊙，则以秒为单位显示声音的波形。

单击"帧"按钮 ⊞，则以帧为单位显示声音的波形。

③ 设置声音的起始点和结束点来改变声音文件的起始位置和结束位置。在左右声道波形中间，是声音文件的标尺，拖动最左侧的滑块，可以改变声音的起始点；拖动最右侧的滑块，可以改变声音的结束点，如图 3-66 所示。

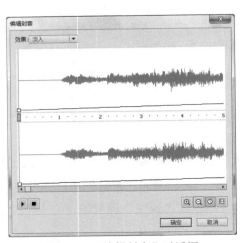

图 3-65 "编辑封套"对话框

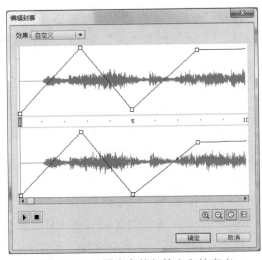

图 3-66 设置声音的起始点和结束点

④ 完成后执行"文件"→"保存"命令（制作过程中也要注意保存，防止软件崩溃），然后试听效果。

（四）活动实施

活动 - 工作单			
动画片名称	《文明宣传动画 - 地铁》	动画制作员姓名	填写姓名
镜头名称	SC-05	动画制作员编号	填写学号
镜头属性	720×576 像素　帧频 25/ 秒	动画制作项目小组	填写组号

活动 - 工作单	
镜头内容	安全框层：安全框。 人嘈杂声音：人群的嘈杂的背景音乐。 火车驶过声音：火车驶过的声音。 人群：人群图片。 站台：站台图片。 列车：列车运动动画。 背景：列车后面的墙壁图片
特殊要求	1．声音的添加。 2．声音的大小渐变
镜头素材	1．火车驶过声音 -SC-05- 火车驶过 - 声音文件 2．人嘈杂声音 -SC-05- 火车驶过 - 声音文件
镜头要点	上下层之间的排列关系
完成情况	
组长	导演

详细步骤如下。

（1）打开《文明宣传动画 - 地铁》SC-05- 交互动画 - 声音.swf 项目文件，首先欣赏最终效果，如图 3-67 所示。

（2）打开《文明宣传动画 - 地铁》SC-05- 交互动画 - 声音 - 学生用.fla 项目文件，如图 3-68 所示。

图 3-67　打开 SWF 项目文件

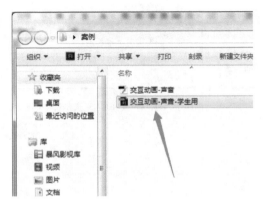

图 3-68　打开 Flash 项目文件

图 3-69　"导入到库"命令

（3）首先执行"文件"→"导入"→"导入到库"命令，选择声音文件，如图 3-69 所示。

（4）选中"人嘈杂声音"层的第 1 帧至 80 帧之间的任意一帧，在属性栏中找到声音名称栏，从中找到"人嘈杂声 1.wav"，如图 3-70（a）所示。

为了方便预览，在"同步"位置尽量选择"数据流"，这样在测试播放时也是可以听到声音的。

（5）然后在火车驶过声音层的第 1 帧至 80 帧之间的任意一帧，在属性栏中找到声音名称栏，从中找到"火车驶过 .wav"，如图 3-70（b）所示。

（6）因为动画是火车停车，所以火车驶过的声音会从有到无，单击属性栏中的"效果"文本框右边的小笔图标，如图 3-70（c）所示。

（7）在弹出如图 3-71 所示的界面中可以调整声音的大小与渐变，如图 3-71 所示。

（8）刻度条代表的是秒数，如图 3-72 所示。

（9）两个白色方块控制块是用来调整声音大小的，上面是左声道，下面是右声道。

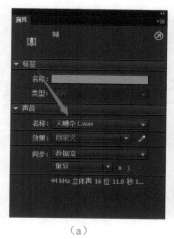
（a）

（b）

（c）

图 3-70　属性设置

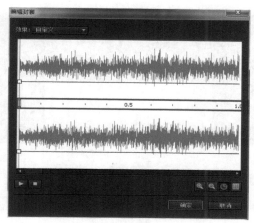

图 3-71　调整声音的大小与渐变

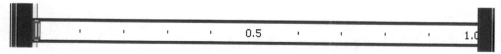

图 3-72　刻度条

（10）动画中列车是在 3 秒停下来的，所以在 3 秒处让声音消失，如图 3-73 所示。

只需在需要控制的位置的线上单击就会自动新建一个控制块通过上下来调整声音的大小，调整时可以用 ▶ ■ 按钮测试。

（11）图 3-71 右下角的按钮 ⛶ 中左面的两个放大镜形状的是控制声音轴显示刻度大小的，像钟表一样的按钮是让中间的刻度条显示秒数的，而最后一个按钮则是为了让中间刻度条显示帧数的。

（12）完成后执行"文件"→"保存"命令（制作过程中也要注意保存，防止软件崩溃）。

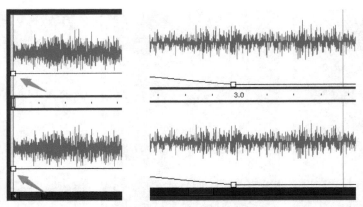

图 3-73　在 3 秒处声音消失

（13）按 Ctrl+Enter 组合键发布 SWF 文件。

最终效果如图 3-74 所示。

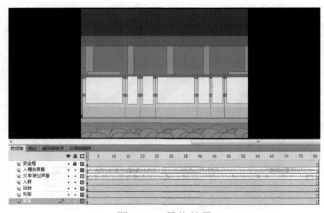

图 3-74　最终效果

回答问题：

交互性是网页动画创意成功的关键，简要回答？

答：

参考答案：

交互性是网页动画创意成功的关键，简要回答？

答：网页动画策划中极具魅力、体现水平的部分就是创意、网页动画的创意要强调互联网本身的媒介特性，Internet 作为一种媒体，是最具有这种相似的交互性的。

活动 2　制作交互动画 t

（一）活动描述

在教师的引领下，通过本教材完成制作交互动画的内容，并学习制作交互动画的方法。

（二）工作环境

活动环境要求：多媒体投影。

所需工具：铅笔、橡皮、笔、纸、Flash、Photoshop 等。

（三）相关知识

1．网页动画基本常识

网页动画创意方法

（1）提炼主题。选择一个有吸引力的网页动画创作的主题。

（2）进行有针对性的诉求。在买点的设计上，应站在访问者的角度，注意与广告内容的相关性，从而提高广告的点击率。如网页动画所显示的内容经常具有独特的品质或功能，让消费者真正感知到这一点，是网页动画设计最有效的手段和目的，但一般而言，网页动画由于其文件和幅面大小的限制，其表现方式有很大局限性，只要找到合适的表现方法，则效果将事半功倍。

（3）品牌具有亲和力。网页动画像影视广告一样，可以制作成动画，表现一定的情节，具有情节的广告，容易吸引网友的注意力和好奇心，获得认同感，达到更好的广告效果，从而在推销产品时将产品背后的公司一起推销出去，利用树立企业的品牌让用户对产品产生信心和认同，但是，由于各种媒介之间的差异性，在传达同一信息时必然各有特色，但要注意过分的品牌宣传则会降低浏览者的好奇心，降低点击率，因此在广告创意上要注重对品牌亲和力的塑造。

（4）营造浓郁的文化氛围。中国是一个历史悠久的国家，几千年的古老文化传统，塑造了中国人所特有的价值观和审美观，将这种特色应用在网络上，既熟悉又新鲜，总能起到很好的效果，应用传统文化进行网页动画的创意设计，既新鲜易于受众接受，又能起到很好的效果。例如，在网上，富有情感的广告更易激发浏览者点击的欲望，设计师通过色彩、构图、文字、图像等手段营造出一种氛围，使观看广告的人产生一种情绪，正是这种情绪使人们接受并点击广告，从而接受了广告所推出的服务或产品。

（5）利益诱惑。抓住消费者注重自身利益的心理特点，注重宣传该网页动画活动给浏览者带来的好处，吸引浏览者参与活动，这是指在网页动画中告诉网友，点击这则广告可以获得除产品信息以外的其他好处，而不点击就会失去，因为点击网页动画需要网友付出时间和经济上的代价，所以给他们一种付出会有收获，而不付出就会有所丧失的感觉是十分重要的，通常表现为"奖"、"礼"，或者"免费"等，利用利益效应，提高广告的机会价值是提高广告点击率行之有效的方法。

（6）事实有力。有时消费者感觉不到该产品会给他们带来什么好处，故有必要强调商品某方面功能，运用这种创意法就是帮助消费者找出他们购买商品的动机，并将产品与此动机直接联系起来。

（7）其他方法。其他方法包括使用鲜明的色彩、使用动画、经常更换图片等。

2．Flash 软件操作技能

按钮：按钮的应用非常的广泛，主要的作用是对影片播放的控制。在网上的 Flash 影片上经常能够看到，例如，用"Play"按钮控制影片的开始，用"Stop"控制影片的暂停等。按钮能够在不同情况下（鼠标移过、单击、放开）呈现不同状态，一般为变色、发声、移动等。

制作"开始"和"重播"按钮

（1）启动 Flash 软件，执行"插入"菜单下的"新建元件"命令，在弹出的"创建新元件"对话框中"名称"命名为"开始"，"类型"选择"按钮"，如图 3-75 所示。

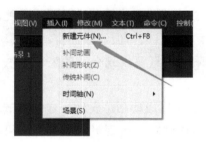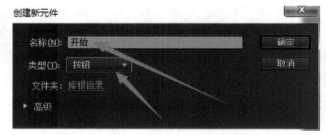

图 3-75　创建新元件

（2）可以看出按钮的时间轴与普通场景有所不同，前四个空白帧上有四个词，每个空白帧对应一个指针动作，分别为弹起、指针经过、按下和点击。当指针在按钮上做出相应动作时，按钮就会做出对应的反应。用文本工具在第 1 帧（弹起）写入"开始"，将颜色调整为黑色，如图 3-76 所示。

在第 2 帧（指针经过）插入关键帧，修改"开始"的颜色为灰色，如图 3-77 所示。

图 3-76　写入"开始"并调整颜色　　　　　图 3-77　修改"开始"的颜色

在第 3 帧（按下）插入关键帧，将"开始"向右和向下移动一点，如图 3-78 所示。

在第4帧（点击）再插入关键帧，用矩形工具绘制一个矩形作为反应区域，用该矩形将"开始"覆盖，如图3-79所示。

图3-78 将"开始"向右和向下移动

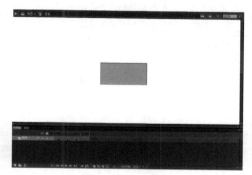

图3-79 绘制矩形

（3）回到场景，此时我们制作的"开始"按钮已经放进了库中，按F11键打开库，把它拖到场景中，如图3-80所示。

图3-80 把"开始"拖到场景中

到此为止这个"开始"按钮就做好了，按Ctrl+Enter组合键进行预览，把鼠标放上去单击一下看看。

最终效果如图3-81所示。

（a）正常　　　　　　　（b）鼠标经过　　　　　　　（c）按下

图3-81 最终效果

（四）活动实施

活动 - 工作单			
动画片名称	按钮控制基本动作	动画制作员姓名	填写姓名
镜头名称	按钮控制基本动作	动画制作员编号	填写学号
镜头属性	550×440 像素　帧频 25/ 秒	动画制作项目小组	填写组号
镜头内容	动作命令层：写按钮命令。 测试层：火柴人动画动作。 横线层：地平线。 按钮层：按钮放置		
特殊要求	播放按钮、暂停按钮、停止按钮、重播按钮		

镜头要点	<pre>1 import flash.events.MouseEvent;
	2 stop()
	3 btn1.addEventListener(MouseEvent.CLICK, onBtn1)
	4 btn2.addEventListener(MouseEvent.CLICK, onBtn2)
	5 btn3.addEventListener(MouseEvent.CLICK, onBtn3)
	6 btn4.addEventListener(MouseEvent.CLICK, onBtn4)
	7 function onBtn1(e:MouseEvent):void
	8 {
	9 trace("btn1");
	10 play()
	11 }
	12 function onBtn2(e:MouseEvent):void
	13 {
	14 trace("btn2");
	15 stop()
	16 }
	17 function onBtn3(e:MouseEvent):void
	18 {
	19 trace("btn3")
	20 gotoAndPlay(2);
	21 }
	22 function onBtn4(e:MouseEvent):void
	23 {
	24 trace("btn4")
	25 gotoAndStop(1);
	26 }</pre>注意命令之间的搭配		

完成情况			
组长		导演	

详细步骤如下。

（1）打开按钮控制基本动作命令.swf 项目文件，首先欣赏最终效果，如图 3-82 所示。

（2）打开按钮控制基本动作命令 - 学生用.fla 项目文件，如图 3-83 所示。

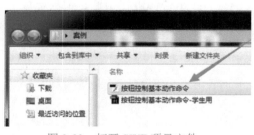

图 3-82　打开 SWF 项目文件

图 3-83　打开 Flash 项目文件

（3）首先选中动作命令层第 1 帧，如图 3-84 所示。

（4）从"窗口"菜单中打开"动作"窗口（快捷键 F9），如图 3-85 所示。

（5）打开"交互动画 - 按钮控制基本动作命令 - 学生用"记事本，复制里面全部代码，如图 3-86 所示。

图 3-84　选中动作命令层第 1 帧

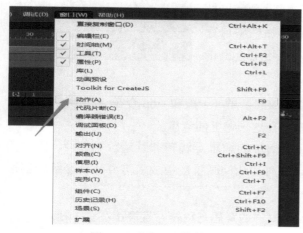
图 3-85　"窗口"菜单

图 3-86　记事本

（6）将代码复制到动作窗口中，如图 3-87 所示。

```
1    import flash.events.MouseEvent;
2    stop()
3    btn1.addEventListener(MouseEvent.CLICK, onBtn1)
4    btn2.addEventListener(MouseEvent.CLICK, onBtn2)
5    btn3.addEventListener(MouseEvent.CLICK, onBtn3)
6    btn4.addEventListener(MouseEvent.CLICK, onBtn4)
7    function onBtn1(e:MouseEvent):void
8    {
9        trace("btn1");
10       play()
11   }
12   function onBtn2(e:MouseEvent):void
13   {
14       trace("btn2");
15       stop()
16   }
17   function onBtn3(e:MouseEvent):void
18   {
19       trace("btn3");
20       gotoAndPlay(2);
21   }
22   function onBtn4(e:MouseEvent):void
23   {
24       trace("btn4");
25       gotoAndStop(1);
26   }
```

图 3-87　将代码复制到动作窗口中

在这里只讲一些基础代码：

btn1. addEventListener(MouseEvent.CLICK,onBtn1）

btn2. addEventListener(MouseEvent.CLICK,onBtn2）

btn3. addEventListener(MouseEvent.CLICK,onBtn3）

btn4. addEventListener(MouseEvent.CLICK,onBtn4）

因为是把命令直接附加到帧上而不是直接附加到按钮元件上，所以上面这段代码目的是将命令链接到按钮上。

在自己制作按钮的时候并不是默认的名字就是 btn 这种固定的按钮名字，可以选中按钮的元件，在属性栏中自行改名字，但一定要是英文的，不能有中文，要不然会出错误，如图 3-88 所示。

图 3-88　修改按钮的名称

btn1 是开始按钮，代码中的 play 就是播放的意思（一般和 stop 合在一起用）。

btn2 是暂停按钮，代码中的 stop 就是停在这一帧上的意思。

btn3 是重置按钮，代码中的 gotoAndPlay(2) 的意思是跳转并且播放第 2 帧，因为的第 1 帧加上了 stop 命令所以会停在第 1 帧，这时想让动画重新播放只需要让动画跳转到没有 stop 命令的第 2 帧并播放就可以了。

btn4 是停止按钮，代码中的 gotoAndStop(1) 的意思是跳转并且停止在第 1 帧。

（7）完成后执行"文件"→"保存"命令（制作过程中也要注意保存，防止软件崩溃）。

（8）按 Ctrl+Enter 组合键发布 SWF 文件。

最终效果如图 3-89 所示。

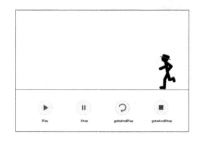

图 3-89　最终效果

回答问题：

网页动画创意方法？（简要回答）

答：

参考答案：

网页动画创意方法？（简要回答）

答：①品质独特；②情节生动；③氛围活泼；④事实有力；⑤品牌具有亲和力；⑥文化浓郁；⑦利益诱惑。

任务验收

学生姓名：　　　　　　班级：　　　　　学号：　　　　　　　组号：

<table>
<tr><th colspan="2">人员</th><th>评价标准</th><th>所占分数比例</th><th>各项分数</th><th>总分</th></tr>
<tr><td rowspan="5">任务2</td><td>小组互评
（组长填写）</td><td>1．逻辑思维清晰（2）
2．做事认真、细致（3）
3．表达能力强（2）
4．具备良好的工作习惯（3）</td><td>10%</td><td></td><td></td></tr>
<tr><td>自我评价
（学生填写）</td><td>1．任务目标及需求（2）
2．制作有声动画（4）
3．制作交互动画（4）</td><td>10%</td><td></td><td></td></tr>
<tr><td>专家评价
（专家填写）</td><td>完成任务并符合评价标准（60）
1．了解任务目标及需求
2．进一步了解网页动画设计师的岗位职责与企业标准
3．掌握制作交互动画的方法
4．逻辑思维清晰，做事认真、细致，表达能力强，具备良好的工作习惯，具备团队合作能力</td><td>60%</td><td></td><td></td></tr>
<tr><td>进退步评价
（教师填写）</td><td>1．完成任务有明显进步（15~20）
2．完成任务有进步（10~15）
3．完成任务一般（5~10）
4．完成任务有退步（0~5）</td><td>20%</td><td></td><td></td></tr>
<tr><td>任务收获（学生填写）</td><td></td><td></td><td></td><td></td></tr>
</table>

※【拓展案例】

1．字母飘散效果

（1）启动 Flash 软件，用文本工具输入"I Love You"，在属性栏调整字母间距，如图 3-90 所示。

（2）执行"修改"菜单下的"分解组件"命令将字母拆散，如图 3-91 所示。

（3）再次执行"修改"菜单下的"分解组件"命令将每个字母打散，如图 3-92 所示。

图 3-90　输入文本内容

图 3-91　拆散字母

图 3-92　打散每个字母

（4）将每个字母分散到不同的图层上，当然我们这里不需要一层一层地新建，执行"修改"菜单下的"分配到层"命令，如图 3-93 所示。

（5）这时我们看到已经新建了许多图层并将"图层 1"上面的字母取出来放在了不同的

层上面，此时"图层1"已经成为空白。选择"图层1"后单击鼠标右键，在弹出的菜单中将它删除或者直接单击图 3-93 所示的垃圾桶工具来删除。将每个图层上的字母都转换成图形元件并在 30 帧处分别插入关键帧，如图 3-94 所示。

图 3-93　将每个字母分散到不同的图层上

图 3-94　插入关键帧

（6）分别调整最后一帧图形元件的位置并创建动画，创建动画时将个别字母在移动过程中让它旋转（在属性栏设置），如图 3-95 所示。

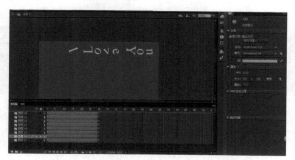

图 3-95　调整图形元件位置并创建动画

预览一下我们看到文字像氢气球般飘散走了。

 经验分享：

我们第一次执行"分解组件"命令的作用是将字母拆散开，第二次执行"分解组件"

的作用是将每个字母由文字状态变成形状。因为如果我们使用了特殊字体（比如我们自己安装的字体），而其他计算机没有安装这种字体的话就会被宋体或其他字体所替代，所以为了保证每台计算机都能正常显示出我们需要效果的话，就必须将文字打散使其以形状的方式显示。如果使用的是宋体等常用字体的话就不需要这样做，因为每个系统在安装时都带有常用字体。

🔍 练一练

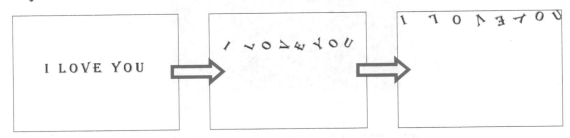

2．文字摆动出现效果

用和"字母飘散效果"一样的方法我们再来制作一种文字摆动出现效果。

（1）启动 Flash 软件，和"字母飘散效果"步骤一样，用文本工具输入"Backspace"，执行一次"分解组件"命令（当然再执行一次将它彻底打散也可以），把它们分配到每个层后将每个字母都转换成图形元件，如图 3-96 所示。

图 3-96　输入文本内容

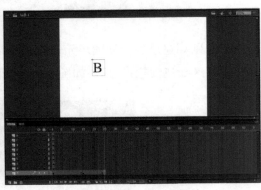

图 3-97　插入关键帧

（2）在 B 层第 10 帧处和第 15 帧处插入关键帧，如图 3-97 所示。

（3）调整第 1 帧 B 的位置并让它完全透明，如图 3-98 所示。

（4）调整第 2 帧 B 的位置，把不透明度设置为 80%，如图 3-99 所示。

（5）分别在第 1 帧到第 10 帧之间和第 10 帧到第 15 帧之间创建动画，如图 3-100 所示。

（6）用相同的方法把剩下的几个字母做完，效果如图 3-101 所示。

（7）可以事先预览一下，此时看到文字是同时出现的，我们想要的效果是让前一个字母在完全出现之前下一个字母开始出现，也就是说让它们出现的顺序发生错位。用鼠标拖动的方法将 a 层上所有帧都选中后松开鼠标，然后用鼠标按住整体向后移动使它与前面一层发生 5 帧的错位，如图 3-102 所示。

图 3-98　调整第 1 帧的位置

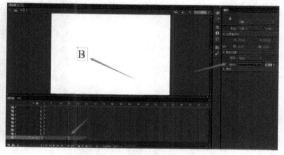

图 3-99　调整第 2 帧的位置

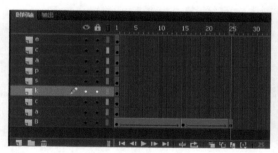

图 3-100　创建动画

图 3-101　创建完动画后的效果

（8）同样的方法做完下面几层，如图 3-103 所示。

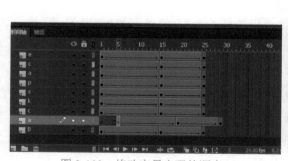

图 3-102　修改字母出现的顺序

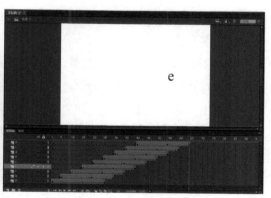

图 3-103　修改完成的效果

（9）此时我们预览一下我们就会发现一个问题，还没有等到后面的字母出现完前面已经出现的字母就先后消失了。为了解决这个问题，我们插入能够延续画面停留时间的帧，这样每个字母出现之后就会等到最后一个字母的出现，如图 3-104 所示。

（10）此时就做好了，预览一下看看，如图 3-105 所示。

图 3-104　插入能够延续画面停留时间的帧

图 3-105　文字摆动出现效果

练一练

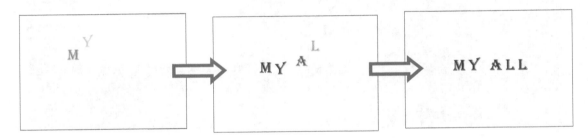

3．信封开启效果

我们在前面制作了 Play 按钮，当鼠标放上去后按钮呈现出另外一种状态，单击后就开始播放。现在我们来绘制一个信封并把它转换成按钮，当鼠标放上去时信封呈现出被打开状态并有文字飞出。

（1）启动 Flash 软件，将背景色设置成深绿色，执行"插入"菜单下的"新建元件"命令，在打开的对话框中输入名称为"电子邮件"并选择类型，如图 3-106 所示。

（2）用文本工具输入"电子邮件"，调整字体颜色为红色，如图 3-107 所示。

（3）在第 10 帧处插入关键帧并调整文字的位置，用鼠标单击第 1 帧到第 10 帧之间的某一帧，在属性栏选择移动，如图 3-108 所示。

（4）回到场景，用绘图工具绘制一信封，如图 3-109 所示。

（5）将信封转换成按钮，并编辑此按钮，如图 3-110 所示。

（6）在鼠标经过状态处插入关键帧，并用绘图工具将信封增添一部分，如图 3-111 所示。

（7）新建图层，在鼠标经过状态插入空白关键帧，如图 3-112 所示。

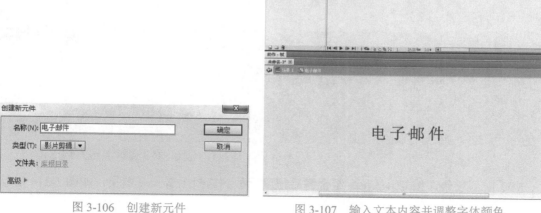

图 3-106　创建新元件

图 3-107　输入文本内容并调整字体颜色

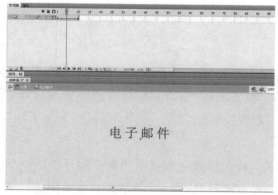

图 3-108　插入关键帧并调整文字位置

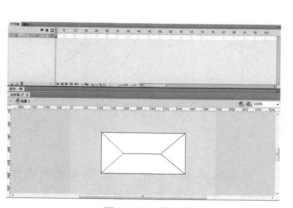

图 3-109　绘制信封

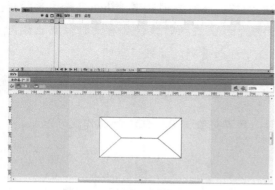

图 3-110　将信封转换成按钮

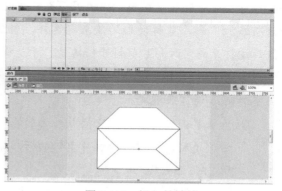

图 3-111　插入关键帧

（8）此时把库打开，把刚才制作的影片剪辑"电子邮件"拖出来放在信封开口处，如图 3-113 所示。

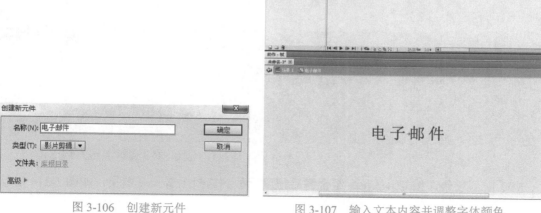

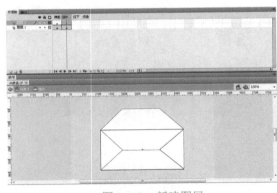

图 3-112　新建图层　　　　　　　　图 3-113　把"影片剪辑"放在信封开口处

（9）回到场景，按 Ctrl+Enter 组合键后把鼠标放到信封上看一下效果，如图 3-114 所示。

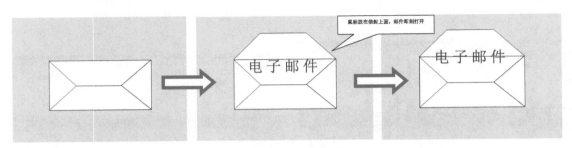

图 3-114　最终效果

经验分享：

我们现在来分析一下为什么会出现这种效果。我们首先是制作了"电子邮件"这个影片剪辑，然后绘制了一信封按钮，该按钮在第一层有两种状态，up 状态信封在关闭着，鼠标经过状态我们绘制了信封被打开的效果，down 状态我们没有做就默认为和鼠标经过一样的状态，反应区在没有添加的情况下默认为信封的面积。然后我们新建了图层 2 给鼠标经过状态添加了影片剪辑动画的效果，这样，当我们鼠标放上去的时候就会有两种效果出现即信封被打开的同时影片剪辑开始播放，于是就出现了你所看到的效果。说明：

① 当你把鼠标放上去后如果不想让影片剪辑循环播放的话可以通过给影片剪辑最后一帧添加 stop 动作来实现。

② 如果单击信封后想让它播放后面内容的话，只需要给信封按钮添加动作就可以了。

③ 该例是利用了按钮和影片剪辑的巧妙结合。

4．水波扩散效果

当我们在欣赏 Flash 动画时有时会看到一滴水滴进水里后会有水波向四周扩散，这常常令我们羡慕不已。下面就一起来制作水波扩散效果。

（1）启动 Flash 软件，执行"插入"菜单下的"新建元件"命令，在打开的对话框中命名为"水波"并选择"影片剪辑"，然后用椭圆工具绘制一个没有填充的椭圆，粗细为 2，如图 3-115 所示。

（2）用鼠标选中椭圆，然后按住 Ctrl 键的同时用鼠标拖动选中状态的椭圆将其复制一份并用缩放工具调整其大小，如图 3-116 所示。

图 3-115　绘制椭圆　　　　　　　　　图 3-116　复制椭圆并调整大小

（3）同样的办法多做几个，如图 3-117 所示。

（4）将所有椭圆一起选中（可以用 Ctrl+A 组合键），执行"修改"下面的"外形"下的"转换行成填充"命令，接着按 F8 键把它转换成图形元件，在第 30 帧处插入关键帧，并用缩放工具将它调大，在调整时最好使用工具箱下的"比例缩放"按钮 ，在 1 到 25 帧之间创建动画，如图 3-118 所示。

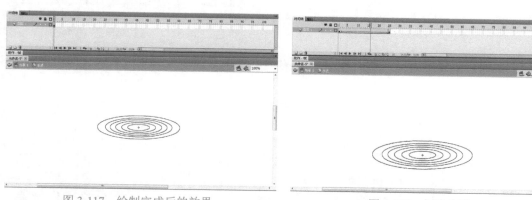

图 3-117　绘制完成后的效果　　　　　　　图 3-118　创建动画

（5）回到场景，将"图层 1"命名为"背景"，单击属性栏上的"影片属性"按钮，如图 3-119 所示。

（6）在打开的对话框中输入设置场景宽度为 350 像素，高度为 220 像素，如图 3-120 所示。

（7）单击"确定"按钮后导入一张图片，如图 3-121 所示。

（8）新建一图层命名为"图片"，复制背景层的第 1 帧，粘贴到图片层的第 1 帧，然后放大一点与背景层要有一点明显错位，如图 3-122 所示。

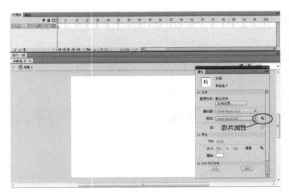

图 3-119 "影片属性" 按钮

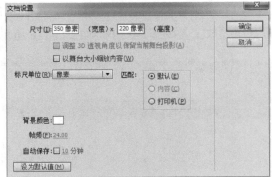

图 3-120 文档设置

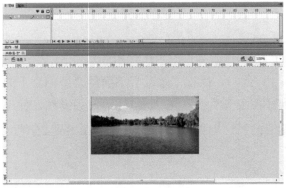

图 3-121 导入图片

图 3-122 复制粘贴第 1 帧

（9）然后再新建一图层，命名为"水波"，打开库文件将影片剪辑"水波"拖到场景中，如图 3-123 所示。

（10）让水波层遮罩图片层，如图 3-124 所示。

图 3-123 将 "水波" 拖到场景中

图 3-124 让水波层遮罩图片层

（11）此时预览一下，我们发现并没有看到我们所期望的水波效果，不要着急，鼠标选中背景层的图片，用方向键控制其向右和向下分别移动 2 个像素（按一下方向键移动的就是 1 个像素），到此为止就做好了，再次预览就可以看到水波效果了，如图 3-125 与图 3-126 所示。

图 3-125　最终效果（第一种效果）

第一种效果比较死板，水波纹是一起出来的。

图 3-126　最终效果（第二种效果）

第二种效果比较自然，水波纹是一个一个出来了。

第二种效果只是在水波纹的图层上换了一个水波纹的影片剪辑元件如图 3-127 所示。

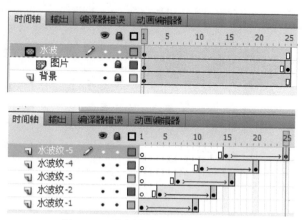

图 3-127　"水波纹"影片剪辑文件

经验分享：

我们现在来分析一下产生这种效果的原因，一共有三个层，下面两层完全一样，因为我们当时是复制背景层的帧粘贴到图片层的，水波层放的是影片剪辑，水波层和图片层经过遮罩后所产生的效果是和绘制的几个椭圆一样，不过它们是图片层上的图片，由于影片剪辑在不断扩大，因此遮罩所产生的图片层上的椭圆也在不断扩大，如果你将背景层删除就可以预览到这种效果，图片构成的这种不断扩大的椭圆不管扩大到哪里都有背景层在恰好衬托着，所以此时你并看不到效果。当我们让背景层和图片层上的图片发生错位后，背景上的图片与遮罩产生并不断扩大的图片椭圆就不再那么吻合了，随着图片椭圆的不断扩大，我们就看到了因发生错位而产生的偏差在不断扩大，这就是我们视觉上感觉到的水波。说明：

① 绘制的椭圆必须转换成填充。

② 我们看到的水波并不是绘制的椭圆而是遮罩产生的不断扩大的图片椭圆和背景层上的图片发生错位而产生的。